U0251783

污染地块可持续修复与管理丛书

污染地块绿色可持续修复
评估方法及案例

董璟琦　等　著

中国环境出版集团·北京

图书在版编目（CIP）数据

污染地块绿色可持续修复评估方法及案例/董璟琦等著.
—北京：中国环境出版集团，2023.12
（污染地块可持续修复与管理丛书）
ISBN 978-7-5111-5361-6

Ⅰ.①污⋯　Ⅱ.①董⋯　Ⅲ.①污染土壤—修复—研究
Ⅳ.①X53

中国版本图书馆 CIP 数据核字（2022）第 243125 号

出 版 人　武德凯
责任编辑　陈雪云
封面设计　宋　瑞

出版发行　中国环境出版集团
　　　　　（100062　北京市东城区广渠门内大街 16 号）
　　　　　网　　　址：http://www.cesp.com.cn
　　　　　电子邮箱：bjgl@cesp.com.cn
　　　　　联系电话：010-67112765（编辑管理部）
　　　　　发行热线：010-67125803，010-67113405（传真）
印　　刷　北京鑫益晖印刷有限公司
经　　销　各地新华书店
版　　次　2023 年 12 月第 1 版
印　　次　2023 年 12 月第 1 次印刷
开　　本　787×1092　1/16
印　　张　9
字　　数　185 千字
定　　价　63.00 元

本书的研究和出版得到了国家重点研发计划项目"污染场地绿色可持续修复评估体系与方法（2018YFC1801300）""污染场地风险管控机制与经济政策技术体系研究（2020YFC1807500）""场地污染修复技术绿色低碳全过程评估技术（2022YFC3703300）"，世界银行咨询项目"中国污染场地风险管控的环境经济学分析及优化建议"，污染场地安全修复技术国家工程实验室开放基金项目"工业地块土地安全修复与可持续利用规划决策支持方法与平台构建研究（NEL-SRT201709）""大型污染场地精细化环境调查与风险管控技术方法与实例研究（NEL-SRT201708）"，国家自然科学青年基金项目（71403097），国家高技术研究发展计划 863 项目（2013AA06A211）的共同资助。

污染地块可持续修复与管理丛书

编 委 会

主　编：张红振　王夏晖

副主编：蒋洪强　孙　宁　骆永明　何　军　董璟琦

丛书编委会委员：

王　枫	尹炳奎	邓璟菲	石丕星	厉萌萌	叶　渊
史会剑	甘　月	左一平	朱　焰	朱汉青	刘瑞平
刘　鹏	刘汝涛	刘汉湖	伍良旭	陈　茜	李书鹏
李彦希	李　丁	李剑峰	李　柱	李瑞海	宋景辉
宋志晓	宋易南	邵雪停	吴龙华	辛　毅	肖　萌
张今英	张建宾	张大定	张清宇	张　静	张晓斌
张文清	张　岳	张　宏	张振国	张爱军	张焕祯
张天柱	孟　豪	杨欣桐	杨成良	杨家乃	杨　进
郑晓笛	周　游	周　来	周　通	侯德义	贺金成
赵　斌	唐小娟	栗斌斌	高菁阳	高铭晓	倪秀峰
桑春晖	钱　怡	曹嘉萌	黄　悦	黄　蕾	康日峰
梁　信	梅丹兵	董林明	韩　颖	韩　勇	谢义强
雷秋霜	魏　楠	魏　国			

《污染地块绿色可持续修复评估方法及案例》

著者名单

董璟琦　邓璟菲　王　枫　雷秋霜　梅丹兵

张红振　史会剑　张焕祯　张天柱

总　序

　　土壤是人类赖以生存的自然资源之一。土壤生态系统服务为实现全球可持续发展目标起到了重要的支撑作用。土壤污染具有累积性、隐蔽性、长期性等特点，人为排放至环境中的多数污染物将通过大气沉降、污染迁移、吸附降解等作用，释放并沉积于土壤环境中。早期土壤污染引发的几次公众事件受到全球高度关注，成为推动各国土壤污染防治的里程碑事件。2004 年，北京宋家庄地铁站发生的工人中毒事件，被视为我国工业地块土壤污染治理修复的开端。

　　国际上，污染地块治理修复经历了依据标准政策彻底清除、基于健康风险的修复与管控、实施绿色和可持续修复、应对气候变化的低碳韧性修复等阶段。我国土壤污染防治工作总体起步较晚，2000 年以后才逐步将土壤污染防治纳入污染防治攻坚战主要组成部分，目前已基本建立起较为健全的土壤污染防治法律法规、管理程序和标准规范。进入"十四五"时期，我国将坚持绿色低碳发展，坚持节约优先、保护优先、自然恢复为主的方针。绿色可持续将成为土壤污染防治工作的重要抓手和发展趋势。

　　近年来，国内越来越多的研究机构和专业学者围绕绿色可持续修复开展相关研究，为我国污染地块绿色可持续管理提供了较好的基础。成立于 2001 年的生态环境部环境规划院，是我国生态环境保护管理决策的重要技术支撑单位，目前已成为国家生态环境战略、规划与政策研究和制定领域的核心智库。作为土壤污染防治领域的主要技术单位，环境规划院支撑编制了《土壤污染防治行动计划》，先后承担了科技部重点研发计划"污染场地绿色可持续修复评估体系与方法""污染场地风险管控机制与经济政策技术体系研究"等重点专项，是"污染场地安全修复技术国家工程实验室"共建单位，联合国内多家高校与科研机构共同为推动我国土壤污染绿色可持续修复做出了长期努力。

"污染地块可持续修复与管理丛书"由生态环境部环境规划院张红振研究员和王夏晖研究员担任主编，由土壤保护与景观设计中心、污染场地安全修复技术国家工程实验室等部门组织，由长期从事土壤污染防治、土壤污染调查评估与修复管控、环境规划管理和环境经济等领域研究的专业人员参与撰写。该丛书紧扣我国土壤环境绿色可持续管理需求，从我国土壤修复产业发展、污染地块绿色可持续修复评估方法、典型案例汇编、强化修复小试和中试研究、修复后土壤资源化利用、污染地块绿色低碳评估与应对气候变化弹性增强等方面，探讨我国污染地块可持续修复与管理的发展方向、可行路径、理论方法、技术实践与典型经验，可为支撑我国污染地块绿色可持续环境管理、推动土壤污染防治工作绿色低碳发展、探索实现减污降碳协同增效提供经验积累和模式参考。

生态环境部环境规划院院长

中国工程院院士

2023 年 2 月 5 日于北京

序　言

经过近 50 年的探索与实践，国际上污染地块土壤环境管理形成了较完善的政策法规、制度框架、管理标准、理论方法、技术工具和实践应用体系，现已进入绿色可持续修复和弹性增强修复阶段。我国土壤环境管理相比发达国家起步较晚，2010 年以来逐步建立了我国土壤环境管理政策法规体系，基本建成基于人体健康风险的土壤环境管理框架。

我国早在 2014 年发布的《污染场地土壤修复技术导则》（HJ 25.4—2014）中就提出了"鼓励采用绿色的、可持续的和资源化修复"，《中华人民共和国土壤污染防治法》《土壤污染防治行动计划》也要求"促进经济社会可持续发展""推动土壤资源永续利用"。但直到现在，我国污染地块修复绿色可持续管理整体上仍处于理念认知和原则要求的起步阶段。管理框架上，对于调查评估、修复管控和修复后土壤安全利用的精细化管理尚不完善，缺少可有效引导修复产业绿色低碳发展的政策机制；标准规范上，用于指导绿色修复和可持续风险管控工程实践的技术标准与规范体系亟待完善；技术方法上，对修复技术和工程的绿色可持续评估方法缺少本土化的系统研究和案例应用；评估工具上，仍以直接采用国际上已有的工具为主，缺乏适用于我国污染地块土壤环境管理特征的模型及参数研发；工程实践上，不少重污染地块修复与再开发过程中二次污染扰民情况时有发生，片面追求修复成本、周期、土地开发收益等，鲜少将环境、社会和经济可持续综合效益作为修复或管控策略制定的关键依据。

如果说政策机制是推动绿色可持续修复的大脑和方向，那么评估方法和技术工具就是落实绿色可持续修复的抓手和支撑。只有建立适用于我国国情的污染地块绿色可持续修复评估技术体系，才能有效支撑土壤环境绿色低碳管理机制的落地实施，切实保障相关政策的实施效果。因此，很有必要总结和梳理绿色可持续修复评估方法，并探索其在不同类型、不同尺度污染地块土壤环境管理中的应用。

当前，广泛应用于环境管理领域的理论方法，如费用效益分析（CBA）、生命周期评估（LCA）、多目标决策分析（MCDA）、足迹分析（FA）、物质流分析（MFA）等，国际上已证明在污染地块绿色可持续修复管理方面也具有较好的应用效果。本书作者团队通过多年研究与实践，在系统总结和梳理国内外污染地块绿色可持续修复管理框架、决策机制、技术体系、评估方法的基础上，结合国内典型区域和修复工程案例，采用 MCDA、CBA、LCA 等方法开展案例评估，既可为区域层面多个污染地块的修复与再开发管理决策提供依据，又可为单个地块土壤修复识别绿色低碳关键环节、分析修复工程绿色可持续性、推动修复施工向绿色低碳转变提供借鉴。本书可为生态环境管理部门、土地使用权人、修复施工单位、技术咨询评估单位及相关研究人员等开展污染地块绿色可持续修复提供参考。相信本书的出版，对于推动我国绿色可持续修复实践将有所裨益。

中国地质大学（北京）

张雄预

2023 年 2 月 5 日于北京

前　言

　　污染地块绿色可持续修复（Green and Sustainable Remediation，GSR）是保障土壤环境可持续管理的重要组成部分。本书针对我国污染地块可持续风险管理体系缺乏、土地安全利用规划决策机制不健全、修复施工过程二次污染突出等问题，采取模拟评估与实证分析等手段，基于费用效益分析（Cost Benefit Analysis，CBA）、生命周期评估（Life Cycle Assessment，LCA）等方法，尝试构建了污染地块绿色可持续修复评估方法框架。

　　（1）针对我国当前区域场地再开发规划与治理修复信息不对称问题，建立了区域场地修复优先排序和再开发规划评估方法，并进行案例验证。结果表明，在早期规划阶段就采用将污染修复可行措施与未来土地利用类型相结合的分步修复再开发策略，可较传统修复模式显著提升土地修复再开发净效益。该方法可以为地方政府和专业机构在有限资金投入、环境调查信息缺失、决策机制不健全的前提下，开展较为可行的地块修复与土地再开发管理决策提供支撑。

　　（2）采用 LCA 方法对修复工程的二次环境影响开展精细化的全过程定量评估，可为我国污染地块 GSR 管理提供评估程序和方法与参数优化。西部某典型铬盐污染地块修复工程 LCA 案例研究结果表明，修复工程实施导致的二次环境影响中人体健康损害占总影响的 45.63%，生态系统损害占 7.28%，气候变化和资源消耗分别占 24.13%和 22.96%。结果可为探索我国铬污染地块主要修复技术的关键环境影响因子、评估修复工程二次环境影响、促进我国铬污染地块绿色可持续修复最佳实践提供借鉴。

　　（3）以我国污染地块管理法规政策、技术水平和修复市场调查分析为出发点，采用专家咨询、问卷调查、情景分析等手段，结合具体案例分析，构建了基于我国当前土壤修复成本核算方法和土壤修复综合效益的场地修复工程 CBA 程序方法和评价指标体系，提出综合权衡健康风险、生态风险、资源环境损害和污染外部影响的场地修复 CBA 模型，并开展某典型铬污染地块 CBA 案例验证。结果表明，案例修复工程实施的总成本约为 1.05 亿元，修复后 100 年内获得的社会、环境、经济综合效益约 2.4 亿元，净效益为 1.35 亿元。场地修复 CBA 模型可以定量化评价修复带来的社会、环境、经济综合影响，为推动实践可持续的场地修复提供了评价依据和参照。

本书中开展的相关研究先后得到了国家重点研发计划项目"污染场地绿色可持续修复评估体系与方法（2018YFC1801300）""污染场地风险管控机制与经济政策技术体系研究（2020YFC1807500）""场地污染修复技术绿色低碳全过程评估技术（2022YFC3703300）"，世界银行咨询项目"中国污染场地风险管控的环境经济学分析及优化建议"，污染场地安全修复技术国家工程实验室开放基金项目"工业地块土地安全修复与可持续利用规划决策支持方法与平台构建研究（NEL-SRT201709）""大型污染场地精细化环境调查与风险管控技术方法与实例研究（NEL-SRT201708）"，国家自然科学青年基金项目（71403097），国家高技术研究发展计划 863 项目（2013AA06A211）的共同资助。

研究过程中得到了中国地质大学（北京）张焕祯教授的悉心指导和无私支持，得到了生态环境部环境规划院王金南院长的亲自指导和鼓励。研究内容由生态环境部环境规划院张红振研究员具体指导完成，撰写过程得到了王枫、雷秋霜、梅丹兵、孟豪、邓璟菲、司绍诚、张茜雯、彭小红等同志的支持和帮助。相关研究得到了污染场地安全修复技术国家工程实验室、世界银行、青海省生态环境厅、中国环境修复网、清华大学、北京师范大学、大连理工大学、重庆市生态环境局、北京市生态环境保护科学研究院、北京建工环境修复股份有限公司等单位领导、老师和同事对于案例、问卷、数据、软件等方面的大力支持和帮助，也得到了荷兰瓦赫宁根大学和农业农村部环境保护科研监测所研究员翁莉萍老师、比利时 VITO 研究院和根特大学教授 Piet Seuntjens、世界银行研究员 Solvita Klapare 和 Frank Van Woerden、北京师范大学何孟常教授等人的指导和帮助。在此表示衷心感谢！特别地，对生态环境部环境规划院土壤保护与景观设计中心的同事与北京师范大学全球变化与地球系统科学研究院李香兰老师团队在研究过程中给予的支持表示感谢。

尽管在研究中针对区域和污染地块尺度开展了一些绿色可持续评估方法和案例的有益探索，但由于时间、精力和认识水平所限，尚存在诸多不足和困惑。未尽之处，当深耕厚植，于今后研究中进一步弥补和完善。还请各位领导、老师、同仁们不吝指教！

二零二三年元月
于北京

目 录

第1章 绪 论

1987 年，世界环境与发展委员会出版了《我们共同的未来》，将可持续发展定义为：既能满足当代人的需要，又不对后代人满足其需要的能力构成危害的发展，包括经济、环境、社会三个关键要素。2015 年，纽约联合国峰会通过了 2015—2030 年可持续发展目标（Sustainable Development Goal，SDG），提出了包含零饥饿、清洁饮水和卫生设施、经济适用的清洁能源、可持续消费和生产、气候行动、水生生物、陆地生物等在内的 17 个具体目标。我国积极响应联合国可持续发展政策，陆续发布了《中国 21 世纪议程：中国 21 世纪人口、环境与发展白皮书》《中华人民共和国可持续发展国家报告》《中国可持续发展评价报告（2018）》等，从人口、经济、资源、环境等多方面推动可持续发展。

土壤是资源环境的核心要素之一，是陆地表层系统的核心。土壤具有生物质生产、涵养水源、生物多样性、物质文化场所、原材料、碳汇、地质财产七大功能，土壤功能对于实现可持续发展和绿色发展目标具有重要意义。土壤及其所提供的生态系统服务是实现全球可持续发展目标的关键保障，Keesstra 等（2016）对土壤功能及其生态系统服务与联合国可持续发展目标之间的关系进行了系统梳理，见图 1-1。Smith（2018）通过将土壤功能、生态系统服务及相关学科与 SDG 相联系，阐明土地资源如何支撑可持续发展目标的实现。

20 世纪 60—70 年代，土地污染公害事件频发。各个国家和地区均颁布了土壤环境保护和污染场地治理修复的相关政策和措施。国际上污染场地管理主要经历了三个阶段：①20 世纪 60—70 年代基于背景值/环境质量的污染物彻底清除阶段；②80—90 年代基于健康和生态风险的管理阶段；③2000 年以后逐渐兴起绿色可持续修复（Green and Sustainable Remediation，GSR）理念。随着对污染场地修复自身所带来的对环境、社会、经济二次影响认识的逐渐深入，各个国家和地区都积极推动开展绿色可持续修复，相继采取措施从管理框架、评估技术、应用实践等方面促进污染场地的绿色可持续修复。

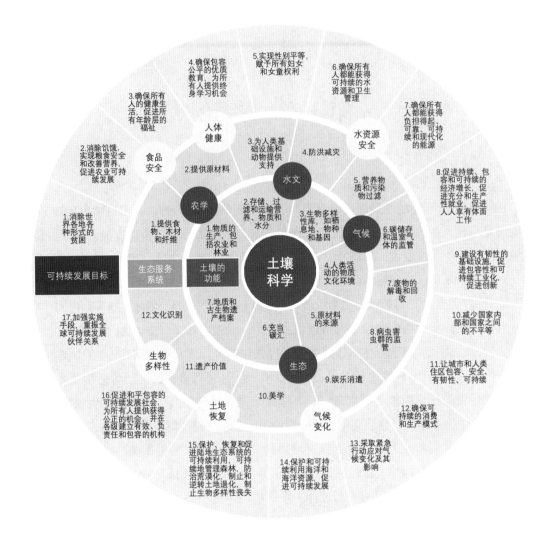

图 1-1 土壤功能及其生态系统服务对实现联合国可持续发展目标的重要意义（keesstra 等，2016）

从最早的以严格标准值和完全处理处置为修复目标，到基于风险的治理修复和管控策略，再到 2000 年以来的绿色可持续修复理念，发达国家已逐步建立起了一套相对完善的管理制度、评价方法和决策工具，并开展了大量的绿色可持续修复实践和评估案例。不同国家和组织机构所提倡的绿色可持续修复框架在定义内涵、尺度范围、指标体系等方面有所不同。基于美国 EPA 绿色修复五大核心要素提出的绿色可持续修复概念模型见图 1-2。充分借鉴国际上绿色可持续修复的制度、方法和案例经验，将绿色可持续修复的理念不仅应用到地块层面的调查评估、修复技术选择、方案确定和修复实施，还扩展到区域多个地块的可持续综合排序和土地再开发规划决策，对于中国构建多尺度、全过程的污染地块绿色可持续修复制度体系和管理实践具有重要的启示意义。

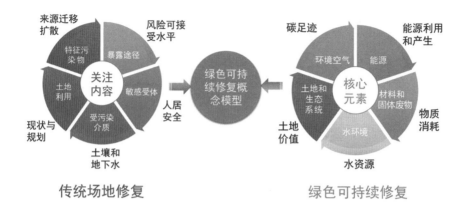

图 1-2 传统场地修复与绿色可持续修复关系

1.1 研究背景

1.1.1 绿色可持续修复框架进展

污染场地修复是土壤环境管理面临的主要问题之一。美国国家环境保护局（EPA）预计到 2033 年共有 294 000 块污染地块需要修复，共需资金 2 090 亿美元。欧洲已识别污染地块约 34 万块，其中仅有 15% 的地块已修复。根据加拿大国家污染场地数据库，加拿大共有已识别的污染地块 23 600 余块。此外，荷兰、德国、奥地利等国的污染地块数量也在数万至数十万块。2016 年全国土壤污染状况调查结果显示，我国土壤点位总超标率为 16.1%。根据我国台湾地区环境部门的调查，台湾地区有 2 517 块"控制危害场地"，其中 2 295 块为农用地，79 块为加油站地块，143 块为工业地块。

面临如此严峻的土壤环境形势，各个国家和地区陆续发布了土壤环境保护和污染场地治理修复的相关政策。荷兰最早于 1987 年发布了《土壤保护法》；美国从《资源保护与恢复法》RCRA 修正行动计划到超级基金 CERCLA 法案，再到棕地法案，逐渐涵盖了在产企业、历史遗留污染地块和再开发棕地的修复和风险管控；加拿大在《环境保护法案》的要求下开展了联邦污染场地行动计划；2006 年欧盟发布了《土壤专题策略》；英国、意大利、德国、瑞典、比利时、西班牙、日本等国家均发布了污染土壤相关的专门法律法规。经过近半个世纪的发展，发达国家对污染地块的管理基本涵盖了在产企业、历史遗留污染地块和再开发棕地，经历了从污染物末端处置到质量标准控制、基于风险的土地管理，再到绿色可持续修复的不同阶段。我国土壤污染防治工作起步较晚，2004 年以后，尽管陆续发布了一系列与污染地块环境管理相关的法规体系、技术导则，但未成体系。随着 2016 年国务院发布《土壤污染防治行动计划》和 2019 年《中华人民共和国土壤污染防治法》

的正式实施，污染地块、农用地和工矿用地三大土壤环境管理办法相继落地，基本搭建了我国土壤环境保护和污染防治的法律框架。

发达国家的绿色可持续修复是建立在长期以来形成的较为完善的土壤环境管理制度和法律法规的基础上。当前国际上绿色可持续修复框架主要分为三类：①以可持续修复论坛（Sustainable Remediation Forum，SuRF）为代表的可持续修复框架；②以美国 EPA 为代表的绿色修复框架；③以美国州际环境技术与规则委员会（Interstate Technology & Regulatory Council，ITRC）为代表的绿色可持续修复框架。

（1）可持续修复

2006 年在美国成立的可持续修复论坛（SuRF），于 2009 年发布《可持续修复白皮书》，并于 2011 年陆续发布《可持续修复框架》《修复行业足迹分析和生命周期评估导则》《开展修复项目可持续评估的方法》等系列文件，提出了场地修复全过程贯穿可持续的理念，推荐采用生命周期评估、足迹分析等方法对污染场地修复开展可持续评价，并发布了SuRF 可持续评价矩阵工具包。SuRF 的成立和系列框架导则的发布，对于带动世界各国的可持续修复组织机构成立、提出可持续修复评价指标体系和程序、推荐统一的污染场地修复可持续评价技术方法具有指导意义。随后，英国、加拿大、澳大利亚、意大利、荷兰等国家相继成立了 SuRF 机构，并发布了各自的可持续修复指南或导则。英国可持续修复论坛（Sustainable Remediation Forum-United Kingdom，SuRF-UK）于 2010 年发布了《土壤和地下水修复可持续性评估框架》，该框架在方法上与欧洲工业污染场地网络（Network for Industrially Co-ordinated Sustainable Land in Europe，NICOLE）提出的可持续管理路线图保持一致。其在可持续发展指标三个基本要素（Triple Bottom Line，TBL）的基础上提出了包含 15 个评价指标的可持续修复指标体系，建立了项目规划和修复实施两个阶段的可持续修复综合决策框架，更加侧重于对经济和社会因素的考虑，提出了定性—半定量—定量的层次化评价体系，指导和推动了新西兰和澳大利亚的 SuRF 组织（SuRF-ANZ）以及国际标准化组织（International Organization for Standardization，ISO）可持续修复体系或标准的建立。欧洲的污染场地再生环境技术联盟（Alliance for Environmental Technology）于 2002 年提出的将基于风险的土地管理和可持续评价相结合的思路，是 SuRF-UK 和欧洲绿色可持续修复发展框架的早期阶段。2013 年，欧洲污染场地共同论坛（Common Forum on Contaminated Land）和 NICOLE 也发表了关于可持续修复的联合声明。总体而言，SuRF 倡导的基于 TBL 的可持续修复框架是目前国际上绿色可持续修复的主流观点。

（2）绿色修复

2000 年以后，美国逐渐认识到开展环境友好的修复过程的重要性，并通过《超级基金法案》《棕地法案》《资源保护与恢复法》等积极实践减少修复过程的二次环境影响。美国 EPA 基于《超级基金法案》，为节约修复成本、提高修复效率，从 2010 年前后大力倡导绿色修复策略，发布了《超级基金绿色修复战略》，围绕土地/生态系统、材料与废弃物、能源、空气/大气、水五大核心要素提出了 21 个评价指标，并针对典型修复技术分别制定了最佳管理实践手册。基于该绿色修复战略，EPA 又发布了环境足迹分析七步法和可持续环境足迹评估（Sustainable Environmental Footprint Assessment，SEFA）工具，用于指导产业界开展绿色修复评估。该体系大力推动了美国绿色修复技术和最佳管理实践的发展，形成了绿色修复技术评估框架，联合标准化组织 ASTM 推出了《绿色修复标准导则》，推动了绿色修复的标准化进程。与此同时，美国各州也积极推进绿色修复，发布了各自的绿色修复评价工具或技术指南，带动了各地区绿色修复行业的发展。

（3）绿色可持续修复

绿色可持续修复框架主要由美国的 ITRC 推动，综合了绿色修复和可持续修复的关注指标，于 2011 年分别发布了《绿色可持续修复：实践框架》和《绿色可持续修复：理论与实践现状》两份指南，针对绿色可持续修复的概念提出了五步法的评估框架，即更新概念模型、建立目标、利益相关方参与、选择方法矩阵和 GSR 评价层级、记录 GSR 工作。ITRC 的 GSR 将评价指标划分为客观指标和主观指标，前者包括温室气体排放、能源消耗、回收利用/废弃物减量化、资源消耗；后者包括资产再利用的效益、创造和保留工作机会、创造社区资产等。

我国绿色可持续修复尚没有提出框架体系或指南，但相关科研活动一直在持续推动。2012 年我国台湾地区可持续修复论坛成立，于 2014 年由台湾地区相关部门发布了关于绿色可持续修复的政策并积极实践，台湾地区主要参考美国 ASTM 的标准判断污染场地并实施修复或管控，建立了包括场地评价和场地确认两个步骤的绿色可持续修复评估框架。胡清等在《绿色可持续场地修复》一书中综合国际上的相关概念，提出将绿色可持续修复定义为"总体考虑了在污染场地调查和修复过程中的资源和能源利用情况，以及在场地管理整个过程对社区、区域和全球范围内的环境、社会和经济方面可能带来的正面或负面效应"。这也是我国针对绿色可持续修复第一次提出明确的概念。2018 年立项的科技部重点研发计划"绿色可持续修复评估技术与方法"重点专项（2018—2022 年），由生态环境部环境规划院牵头，清华大学、南方科技大学等高校及其他科研单位和修复公司参与实施，为推动我国污染地块绿色可持续管理提供了重要支撑。由清华大学牵头、生态环境部环境规划院等单位参与的中国环境保护产业协会团体标准《绿色可持续修复通则》于 2019 年 8 月通过了专家审议，并于 2020 年作为中国第一个绿色可持续修复相关的专项通则予以发布，对于促进中国修复产业的可持续发展具有推动和指导意义。当前，生态环境部相关司局正在积极推动与污染地块绿色低碳管理有关的研究议题。

表 1-1　现行绿色可持续修复框架汇总

序号	名称	机构	概念	主要导则规范	指标体系	评估程序
1	可持续修复	SuRF	通过合理公正地使用有限资源，使人类健康和环境获得最大净效益的修复方法或方法组合	可持续修复白皮书（2009）；可持续修复框架（2011）；修复行业足迹分析和生命周期评价导则（2011）；修复场地地下水保护和再利用（2013）；综合修复与再利用以达到整体系统可持续效益（2013）	环境、社会、经济的 TBL 三要素；水资源、土地和生态系统、材料/废弃物最小化、长期回报、大气排放、能源效率、生命周期成本、环境公正、人体健康和安全九项子要素	调查、修复选择、修复设计和施工、运营维护、闭场全过程分阶段可持续性。推荐采用层次化（Tiered）方法评价
2	可持续修复	NICOLE	可持续修复方案是指那些经过利益相关方认可的综合考虑环境、社会和经济因素的最佳方案	可持续修复路线图（2010）；综合风险评价和可持续修复（2011）；可持续修复指标（2011）；风险告知和可持续修复（2013）	提出了层次化指标体系：可持续发展→可持续要素（TBL）→相似指标的归类→单一指标。列举了 SuRF-UK 的 15 个指标和荷兰 ROSA 项目的效益项和影响项共计 12 个指标	四阶段：区域阶段（空间规划）、场地项目阶段（项目设计、土地利用）、修复选择阶段（修复设计）、修复过程阶段（实施、验证和优化）
3	可持续修复	SuRF-UK	从环境、社会、经济的角度综合反映修复的效益大于其影响，并通过使用均衡的决策制定过程选取最优修复方案的行为	土壤和地下水修复可持续性评估框架（2010）；SuRF-UK 可持续修复评价指标集（2011）等	环境：废气排放、土壤和土地状况、地下水和地表水、生态、资源/废弃物。社会：人体健康安全、伦理公正、本地居民或邻居、社区及社区参与度、不确定性和证据。经济：直接经济成本效益、间接经济成本效益、就业和就业资本、发生的经济成本效益、项目周期和灵活度	遵循 SuRF-UK 提出的六大可持续修复原则：保护人体健康和环境、安全生产、一致清晰可重复的基于证据的决策支持、保持记录和透明度报告、好的管理和利益相关方参与、科学基础。分两阶段开展可持续修复：①目标设置和规划阶段；②修复设计执行阶段。推荐采用定性—半定量—定量层次化评价体系
4	可持续修复	ISO	以安全、及时的方式消除或控制不可接受风险，同时最优化修复的环境、社会和经济价值	ISO 18504: 2017 土壤质量——可持续修复	社会：人体健康安全、伦理公正、本地居民或邻居、社区及社区参与度、不确定性和证据。经济：直接经济成本效益、间接经济成本效益、就业和就业资本、发生的经济成本效益、项目周期和灵活度。环境：能源和气候变化、水资源、生态系统服务和土地利用、原材料资源使用和污染防控，并列举了美国 EPA 和 SuRF-UK 的环境指标	同 SuRF-UK

序号	名称	机构	概念	主要导则规范	指标体系	评估程序
5	可持续修复	SuRF-Australia	从环境、社会、经济的角度综合反映开展修复活动所带来的影响和效益,存在可接受的平衡的行为	土壤和地下水修复可持续性评价框架(2009)	环境:对大气、土壤、水体、生态的影响,自然资源使用和废弃物产生,干扰度。社会:人体健康安全影响、伦理公正、居民或区域影响、影响社区及满意度、与政策目标和战略的一致性、不确定性和证据。经济:直接经济成本效益、间接经济成本效益、雇佣和资本获得、资产负债比率、生命周期和"项目风险"、项目灵活度	同SuRF-UK
6	绿色修复	US EPA	在修复实施中考虑所有的环境影响,在修复行动中采用那些可以最小化环境足迹的措施	绿色修复原则(2009);超级基金绿色修复战略(2010);了解和减少项目环境足迹方法(2012);环境足迹分析表使用手册(2016)	围绕土地/生态系统、材料与废弃物、能源、空气/大气、水五大核心要素提出了21个评价指标	采用七步法进行足迹评价:制定分析目标和范围、收集修复信息、量化现场材料和废弃物指标、量化现场水资源指标、量化能源和大气指标、定性描述受影响生态系统服务、结果展示(发布工具SEFA计算表)
7	绿色修复	American Society of Testing Materials(ASTM)	在修复活动中采取一定的方法、过程和技术,以通过减少对自然资源的需求、降低环境排放来达到减小环境影响的目的。绿色修复在保护人体健康和环境的同时考虑五个核心要素	ASTM E2893-13;ASTM E2893-16e1更新:绿色修复标准导则	五个核心因素:最小化总的能源使用、最大化可再生能源使用;最小化空气污染和温室气体排放;最小化水资源消耗和对水资源的影响;减少耗材使用和废弃物产生、加强再利用和回收(3R);保护土地和生态系统	开展BMP的五步法:BMP机会评估、BMP优化、BMP选择、BMP实施、BMP存档。定量环境足迹分析七步法:确定目标方法、定义边界、确定核心因子及其贡献因子、收集整理信息、定量评价计算、敏感性和不确定性分析、记录存档
8	绿色可持续修复	ITRC	采取场地特定的产品、工艺、技术、流程以降低污染物对受体的风险,同时综合考虑社区目标、经济影响和净环境效益的平衡	绿色可持续修复:实践框架(2011);绿色可持续修复:理论与实践现状(2011)	客观指标:温室气体排放、能源消耗、回收利用/废弃物减量化、资源消耗。主观指标:资产再利用的效益、创造和保留工作机会、创造社区资产等	五步法:更新概念模型、建立目标、利益相关方参与、选择方法矩阵和GSR评价层级、记录GSR工作。四个实施途径:识别GSR方案,开展GSR评价,实施GSR,监测、跟踪、记录

1.1.2 绿色可持续修复评估技术

污染场地绿色可持续修复评估技术发展经历了三个阶段：①2000 年初期的绿色可持续修复管理主要停留在理念研究时期，相关文献中出现相应的概念和案例研究；②2005 年以后绿色可持续修复进入修复技术评价时期，这一阶段文献中主要采用生命周期评估（LCA）、费用效益分析（Cost Benefit Analysis，CBA）、环境足迹分析（Environmental Footprint Analysis，EFA）等方法对修复技术进行可持续评估和比选；③2010 年以后，随着各国 GSR 相关组织机构的成立，GSR 逐渐形成了较为全面系统的评价技术方法体系。

费用效益分析（CBA）是污染场地修复决策支持的一项重要技术方法。美国、加拿大、英国、荷兰等发达国家的污染场地管理文件中都要求进行具体修复方案的 CBA，并对评估步骤进行了指导性说明。荷兰基于污染场地修复风险筛选的概念，于 1995 年最早提出基于"风险削减、环境效益和成本"三要素的 REC 污染场地修复决策方法，这是最早将费用效益分析应用到污染场地修复决策中的方法。1999 年英国环境署发布《污染场地修复费用效益分析技术指南》，提出了采用五步法评价和选择修复技术，给出了定性评估的费用效果评价（Cost Effect Analysis，CEA）和多目标决策分析（Multi-Criteria Decision Analysis，MCDA）与定量评估的费用效益分析（CBA）方法步骤。EPA 于 2011 年也发布了《土地修复和再利用的效益、费用和影响手册》，指导对污染场地修复进行成本效益和经济价值的估算。美国 ITRC 积极推动修复过程优化（Remediation Process Optimization，RPO）、生命周期成本分析和采用基于绩效的环境管理方法，以促进场地环境修复。

ISO 将 LCA 定义为"一个产品系统在生命周期中输入、输出及其潜在环境影响的汇编和评价"。LCA 较早就应用于工业生态学，用于评估工业产品的环境影响，并以此为基础制定了面向产品的"从摇篮到坟墓"的管理政策。1999 年 Diamond 等首次将生命周期的概念引入污染场地修复，提出了场地修复的生命周期评估框架，将修复活动本身的时空影响进行了定量评估，并对不同修复技术进行比较分析。Lemming 等（2012）在综述前人研究的基础上，将场地修复 LCA 概念框架向上下游进一步扩展。在传统场地过程 LCA 的基础上，融合社会、经济指标，可将场地修复 LCA 拓展为混合 LCA 可持续评价体系。LCA 方法可以包括社会、经济、环境三方面综合对污染场地修复开展可持续管理评价，而其他类似评价方法则主要从环境或环境与经济层面开展一维或二维的评估，如净环境效益评价（Net Environmental Benefit Assessment，NEBA）和费用效益分析方法。美国可持续修复论坛（SuRF）于 2011 年发布《修复行业足迹分析和生命周期评估导则》，为污染场地环境可持续评估提供了技术方法。2013 年 EPA 与 ASTM 发布的《绿色修复标准导则》中明确提出应当采用足迹分析或生命周期评估（LCA）的方法对实施过程的环境影响进行定量化评估。

欧洲早期在基于风险的土地管理（Risk Based Land Management，RBLM）阶段即采用了多目标决策分析（MCDA）的方法，通过选取关键指标对不同修复方案进行指标打分、赋值和加权，并采用一定方法将结果综合，从而筛选出最优方案。欧盟 Life 项目采用该方法对丹麦的场地修复项目进行了评估，所涉及的主要环境影响指标包括废气排放、酸化（酸雨）、生态毒性、持久性（区域内的人体健康与生态毒性）和固体废物产生量。CLARINET（2002a）早在 2002 年就提出 MCDA 是可持续污染场地管理决策制定的重要方法之一，该方法综合考虑健康风险削减、交通运输影响、能源使用、成本、时间等因素，可以将场地修复优先度排序、修复技术筛选、修复决策制定的过程通过打分和权重计算的方式，透明公开地展现给利益相关方。

其他绿色可持续修复评估技术还包括净环境效益分析（NEBA）、环境足迹分析（EFA）等。这些方法从可持续发展评价、生态产品评价等领域延伸到绿色可持续修复领域，对修复技术或修复方案进行评价比选，从而为污染场地绿色可持续修复决策提供技术支撑。

1.1.3 绿色可持续修复评估实践

绿色可持续修复评估实践总体可分为：①区域尺度污染地块可持续修复与管控评估；②污染地块修复管控方案比选和优化；③修复技术和材料的绿色评估；④污染地块修复效果回顾性评估。国内外各机构学者围绕这四种评估类型已开展了较多的实践案例研究。

区域尺度污染地块可持续修复和管控评估综合考虑区域内多个污染地块的环境风险、修复成本、再开发环境、社会和经济效益等，为区域土地安全利用规划决策提供依据。目前国际上很多区域尺度污染地块可持续修复管控实践与可持续棕地再生的概念相吻合。欧洲相关组织认为可持续棕地再生是"以保障环境不衰退、经济可行、政策稳定和社会可接受的方法，对棕地资源进行管理、恢复以达到其使用效益，从而维护和满足人类当代和未来的需求"。Rizzo 等（2016）比较了"可持续棕地再生"和"可持续修复"的概念，认为两者在概念、政策背景、风险、时间空间尺度、利益相关方等方面既有很大程度的重合，又有各自关注的侧重点。针对美国 200 多个城市的大量棕地信息，Chen 等（2009）提出了一个基于多目标决策分析（MCDA）的美国战略棕地再开发分类系统，重点考虑两个关键指标：棕地再开发有效性和棕地未来需求，用于对多个地块的修复再开发优先度进行排序。

污染地块修复管控方案比选和优化的绿色可持续评估实践很多，也是开展场地层面绿色可持续评估的主要研究方向之一。Lemming 等（2010b）对某氯代烃场地的三种替代方案开展了包含一次和二次环境影响的生命周期评估，具体措施包括：①挖出处理，场外通风和处置；②生物强化土壤气相抽提；③原位热脱附。Cadotte 等（2007）采用基于 LCA 的化学和其他环境影响削减和评价工具（TRACI）对某非水相液体（LNAPL）污染场地土壤和地下水修复方案进行了筛选。Kenny 和 White（2007）针对超级基金场地建立了包含生态服务价值的费用效益分析模型，用来评估修复备选方案。Gill 等（2016）对石油泄漏场地开展了电动力学生物修复与其他替代修复方案的可持续评价。我国针对场地修复方案的绿色可持续评估也有相应实践，且近年来逐渐增加和多元化。Song 等（2018）采用 LCA 方法针对我国南方某大型污染地块修复策略比选开展了绿色可持续评价。赵丹等（2016）对损害评估中的修复方案比选开展了费用效益分析研究。潘思涵等（2021）以某冶炼地块为例，将健康风险与生命周期评价相耦合，评估了不同修复目标下的净环境效益（NEB），并识别了修复过程二次环境影响的关键来源，为修复方案的绿色可持续优化提供了参考。

修复技术和材料的绿色评估主要针对土壤和地下水修复技术、性能、材料、可行性等指标开展可持续评估，以促进修复技术和材料的绿色化改进。例如，有研究采用 LCA 技术比较不同基质的地下水污染应用可渗透反应墙（PRB）技术修复所产生的环境影响。Mak 等（2011）对 PRB 技术开展的 LCA 研究表明，基于沟槽设计的施工方式相比基于沉箱的施工方式使用的原材料更少，因此产生更少的环境影响；同时，Fe^0 与石英砂混合原料产生的环境影响要高于 Fe^0 与铁氧化物涂层砂的混合物。通过研究，可以优选出更加环境友好的 PRB 技术及修复材料。EPA（2019）通过对常用修复技术开展最佳管理实践（BMP）并公开全国典型的示范场地案例信息，达到推动修复产业、落实绿色修复的目的。Hou 等（2016）以我国南方某农业地块为例，采用 LCA 比较了汞污染土壤修复热脱附技术和固化稳定化技术的碳排放和二次环境影响，并分别比较了传统热脱附和酸促低温脱附、传统水泥固化稳定化和基于生物炭的水泥固化稳定化技术，结果表明基于生物炭的固化稳定化技术带来最大的净环境效益，其次为酸促低温热脱附，这为修复技术和材料的绿色化改进提供了参考价值。

修复项目结束后对污染地块修复效果开展回顾性评价，可对本次修复工程所产生的环境、社会、经济综合影响和效益进行评估，为后续污染地块修复管理获得启示并提供借鉴。例如，Toffoletto 等（2005）采用 EDIP97 方法对加拿大魁北克某柴油污染场地挖出处置与生物堆肥相结合的修复工程进行了回顾性评价。Huysegoms 等（2018）分别采用货币化的 LCA 与费用效益分析对受焦油、多环芳烃和氰化物污染的某煤气厂场地开展回顾性评价，以探讨比较货币化 LCA 与费用效益分析的评价结果和相互结合的可能性。

基于已发布的相关导则和案例研究，欧美国家开发了多种针对污染地块绿色可持续管理的决策支持工具（Decision Support Tools，DSTs），其中包含 CBA、空间分析、风险评估等重要功能。大部分决策支持工具都包括环境、社会和经济三方面的可持续评价指标。典型的 DSTs 包括美国基于环境足迹分析的场地智能工具（SiteWise）、SEFA，基于净环境效益的可持续修复工具（SRT）；欧洲的风险、环境效益和成本工具（REC），大型污染场地再生决策支持系统（DESYRE），可持续修复决策工具（SCORE）等。美国州际技术与监管委员会（ITRC）提供了野外采样数据分析（FIELDS）、空间分析和决策支持系统（SADA）等全过程绿色修复工具。其中，FIELDS 可采用插值数据以及用户提供的单位成本评估土壤修复活动的费用，并带有 ArcView 扩展模型用于支持空间分析。SADA 能够生成特定场地费用效益曲线来阐明给定的修复目标与相应费用之间的特定关系。DESYRE 是一套用于辅助大型污染场地再利用决策制定的软件系统，可用于创建和比较不同的修复再利用替代方案。系统涉及九大指标，包括社会经济、风险、技术、成本、时间、环境影响等方面。荷兰早期开发的基于 Excel 的 REC 模型是一种污染场地修复多目标决策系统，可以快速判别各种修复技术的可行性，主要从风险削减、环境效益和修复费用三个方面分析不同修复技术的综合效益，从而达到修复技术筛选的目的。近年来，场地绿色可持续修复决策支持工具也从传统的费用估计、二次环境影响评价等领域，向更广泛的社会经济指标拓展。Cappuyns（2016）比较了多种决策支持工具，采用 SuRF-UK 提出的五种可持续修复社会指标进行评价，发现目前国际上使用较多的 DSTs 中，欧洲的 SCORE 和比利时公共废弃物管理局可持续性衡量表（OVAM SB）对社会因子指标考虑较为全面。

1.1.4 当前地块修复存在的问题

相比于发达国家较完善的土壤环境管理体系和绿色可持续修复技术方法体系，我国绿色可持续修复目前仍处于提出概念和理念的时期。切实落实我国绿色可持续修复实践，仍存在以下四方面的实际问题。

（1）尚未建立宏观土壤环境可持续管理体系

我国土壤环境管理制度体系初步形成，相较发达国家经过几十年形成的成熟管理体系，我国污染场地基本数据信息系统还在逐步建立，高效完整的土壤污染风险管控社会管理体系和管理能力还亟待构建，污染地块的管理以风险防控为主，尚未融入绿色可持续的理念和方法，场地监管和开发相关方可持续发展意识相对淡薄。土壤环境可持续管理能力与我国新时期绿色发展和生态文明建设要求、环境治理水平现代化要求仍存在较大差距。

（2）我国环境修复产业发展结构不完善

近年来，由于我国土壤修复市场日益迫切的需求、国家和地方持续颁布的法规政策、国家专项资金的持续投入，我国场地修复市场急剧膨胀，带动了大量国有和社会资金投入。但从修复工程技术角度来说，大部分修复从业机构是从传统建筑工程或固体废物处置工程转型而来，专业环境修复设备和机构稀缺，环境修复监管不到位，缺少专业的技术指导、评估机构和技术人员。环境调查评估占据比例小，因此导致缺少精细化、全过程的场地调查，间接造成大量修复资源的浪费。由于设备和技术体系缺少规范化管理，修复施工或总包通常占据修复产业资金构成的绝大部分，这与发达国家专业环境咨询机构占据至少 1/3 的产业比重相去甚远。我国环境产业健康有序发展仍有较大提升空间。

（3）区域土地安全利用规划决策机制不健全

尽管《中华人民共和国土壤污染防治法》和《土壤污染防治行动计划》（简称"土十条"）中都有明确规定，但由于缺少实施细则，当前我国尚未建立起严格的土地利用规划与污染地块管理紧密衔接的机制，不同管理部门之间沟通机制不畅，城市顶层设计和规划阶段缺少土地污染状况信息。在当前我国大量工业用地亟待修复再开发的情形下，如何统筹制定区域修复管控规划、化解建设用地土壤污染风险管控和修复与土地开发进度之间的矛盾，从而实现社会和自然资源的合理调配，最大限度地节约资源，提高地块安全利用效率，推动区域污染地块管理的社会、环境、经济效益最大化，是当前区域尺度污染地块管理迫切需要解决的问题。

（4）粗放式污染地块修复存在二次污染隐患

当前我国污染地块修复以时间短、见效快、能耗物耗大的异位修复为主，原位化学氧化、热脱附、气相抽提等原位修复技术仍以示范或中试为主。调查和风险评估普遍精度不够，缺少对污染物数量、分布的精细化分析，导致粗放修复、过度修复。修复中为保证修复效果往往造成修复药剂投加过量、能耗增大、对土地的二次扰动大等问题，修复后缺少对整个修复过程的二次环境影响乃至社会经济影响评估。地块尺度缺少对修复全过程环境、社会、经济综合效益的总体把控。

1.2　研究目的

土壤环境可持续管理是贯彻生态文明建设理念、践行绿色发展道路、满足人民日益增长的优美生态环境需求的重要基础。污染地块绿色可持续修复是保障土壤环境可持续管理的重要组成部分。针对我国污染地块可持续风险管理体系尚不健全、环境修复产业结构不完善、土地安全利用规划决策机制不健全、环境修复二次污染防治形势严峻等问题，迫切需要构建一套污染地块绿色可持续修复评估技术方法，这对于完善我国污染地块绿色可持续管理决策支撑技术，推进污染地块修复管控、绿色可持续转型发展，提升我国土壤环境现代化管理水平具有重要意义。

本书立足我国污染地块管理现状和未来修复产业发展需求，总结归纳国内外污染地块绿色可持续修复评估方法与实践经验，探索适合我国区域和地块尺度的绿色可持续修复评估方法，并选取典型案例开展定性、半定量或定量评估分析实证研究，尝试提出我国污染地块开展绿色可持续修复的实践方向和策略建议，为推动我国污染地块绿色可持续评估与管理提供方法和案例支撑。

1.3　数据来源

本书区域污染地块修复可持续评估案例中数据主要来源：①座谈走访和现场考察收集的基础资料数据，包括调查报告、风险评估、方案编制、设施运营记录等；②国内外公开发表的科技文献，包括污染物数量、采样方法、评估结果对比和修复小试与中试效果等数据；③人口密度、区域水文地质、气象信息和关键环境敏感目标等现场踏勘和资料收集信息；④通过问卷调查（约 260 份）获取棕地再开发、地块修复成本和可行性、地块修复效益、环境管理成本等信息。

污染地块修复生命周期评价的数据来源主要包括：①地块土壤环境调查和风险评估现场获得的检测数据和结果，修复实施环节实地检测和记录的数据结果；②LCA 软件数据库中关于能源、材料、排放等信息；③国家和青海省统计部门发布的社会经济发展和自然资源环境统计年报等数据；④评估案例当地自然地理、气象、地质、人口等数据；⑤当地生态环境部门发布的环境质量月报和年报等信息。

污染地块修复费用效益分析案例的数据主要来源：①地块土壤环境调查基础数据、测绘数据、检测数据，风险评估结果和修复治理方案；②实验室小试和现场中试数据以及修复过程中的检测结果，修复效果评估检测结果和主要结论；③修复工程各环节的预算、决算和分包合同金额；④CBA 问卷调查（约 150 份）的数据结果；⑤中国人民银行等金融机构发布的相关金融数据。

本书针对评估案例的数据分析使用了 Excel、Matlab 等软件，针对案例开展的生命周期评估使用了 Simapro 软件，针对案例开展的费用效益分析使用了自行开发的基于 Excel 的评估工具，绘图使用了 Origin、Sigmaplot 等绘图软件。

第 2 章　国内外研究进展

本章从区域尺度污染地块绿色可持续评估与决策、绿色可持续修复评估的可行技术体系、我国污染地块修复产业发展现状、我国污染地块绿色可持续修复的实践方向四个方面开展国内外研究进展综述，在充分立足我国土壤环境管理现状和需求的基础上，借鉴国际上普遍采用的评估技术工具，为探索我国污染地块修复绿色可持续评估技术方法和可行实践提供参考。

2.1　区域尺度污染地块绿色可持续评估与决策

区域污染地块清单是开展可持续评估与规划决策的基础，是区域尺度土壤环境管理的数据基础。美国、加拿大、瑞典、新西兰等诸多国家和地区建立了自己的污染地块清单管理系统，这些清单构建方法主要以地块风险评估为基础，综合考虑地块及周边土地人体健康和生态风险，采用定性、半定量或定量的计算和评估方法将地块划分为不同风险等级，为下一步开展全国或区域尺度地块管理决策提供依据。我国针对建设用地已开展重点行业企业土壤污染状况调查工作，同时建立了全国污染地块土壤环境管理系统，为构建区域污染地块清单系统、"摸清家底"提供依据。在针对区域多个污染地块的排序研究和流域大型污染场地的源解析研究中，除健康和生态风险因素外，有研究还纳入了遗产保护等社会经济因素综合评价。这些基于风险的地块清单构建方法为支撑区域污染地块可持续评估决策奠定了基础。

区域尺度污染地块修复再开发的最终目标是土地资源的可持续和安全利用，通常需要考虑较多因素和利益相关方的观点，因此其决策过程也较为复杂。Rizzo 等（2015）比较了德国、意大利、捷克、波兰和罗马尼亚五个欧洲国家的利益相关方对污染地块再生决策过程的观点、顾虑、态度和信息需求，为修复与再开发综合规划决策提供了依据。Kim 等（2015）认为，社会、经济、环境等交叉学科之间的有效交流、与当地居民的风险交流、沟通利益相关方和专业技术数据的决策支持平台是建立成功的污染地块修复再生规划模型的三个关键要素。

针对区域污染地块绿色可持续评估与再开发决策，大部分决策支持方法依托多目标决策分析（MCDA）、费用效益分析（CBA）等评估方法理论。在传统经济成本比选的基础上，近年来的决策方法更多地强调将社会、环境和经济可持续指标纳入决策系统，将定性、半定量和定量决策相结合，综合考虑修复和再开发利益相关方观点，因此 MCDA 成为重要的方法依托。遗传算法、粗糙集、模糊算法等多目标理论算法都可用于前期规划阶段针对区域内信息不完整的地块排序，尽可能综合地考虑利益相关方的观点，涵盖可持续发展指标，尝试支撑管理部门开展综合、系统的决策支撑。区域尺度地块可持续修复决策通常需要与空间决策支持相关联，Carlon 等（2008）利用地理信息系统（GIS）将大型污染地块修复再开发过程纳入六个模块，这六个模块覆盖了社会经济因素、风险评估、修复方案设计、成本及环境影响等方面。Chrysochoou 等（2012）针对大尺度区域（城市、县、州或其他类型地区）多个地块的筛查提出了指标体系，以制定资金分配和再开发的初步策略，该指标体系包括社会经济、智能进步、环境方面等。该方法应用于康涅狄格州新港市名录中的 47 个污染地块，并筛选出了四个优先地块。目前，已开发了较多修复再开发规划决策支持方法和工具，更全面、高效、智能地支撑棕地再开发可持续管理工作，如棕地优化工具（TBPT）、SCORE、DESYRE 等，其中 SCORE 和 DESYRE 都包含了 CBA 模块，可支持决策者进行成本效益评估，丰富决策支撑。

此外，近年来发达国家开展了从应对气候变化角度加强区域尺度污染地块管理的相关研究工作。将区域污染地块可持续风险管控修复及其环境影响与气候变化影响相结合进行评估逐渐成为研究热点。EPA 将超级基金污染地块按照受气候变化影响类型进行了分区分类，约有 60% 的超级基金污染地块分布在潜在受气候变化影响区域，影响类型主要包括洪水、风暴、火灾、海平面上升等。美国 EPA 的固体废物和应急响应办公室（OSWER）以及华盛顿州生态局等单位都提出过针对气候变化问题下的污染地块修复相关方案或导则，要求评估修复与气候变化相关的风险，并提出提高修复管控应对气候变化弹性的适应措施。Hou 等（2018）以美国旧金山城市的 206 块棕地为例，综合考虑地块本身的一次影响、修复活动产生的二次影响和修复后棕地再开发以及减少新增建设用地使用带来的三次影响，评估了其棕地修复和再开发将带来的可观碳减排量，即未来 70 年内可减排约 5 190 万 t 二氧化碳当量（CO_2 eq），年均减排 74 万 t CO_2 eq，相当于旧金山市 2010 年全年温室气体排放总量（530 万 t CO_2 eq）的 14%。

2.2　绿色可持续修复评估的可行技术体系

污染地块绿色可持续修复评价的目标通常主要包括三种类型：①修复管控实施前对方案的优先度排序和综合效益最佳的方案选择；②对修复过程、技术和材料进行绿色可持续评估以降低二次环境影响，促进修复技术改进；③修复后对修复全过程开展回顾性绿色可持续评估，以判断修复对社会、环境、经济产生的综合影响。在污染地块绿色可持续评价过程中，多数国家和机构的技术导则推荐采用层次化评价方法，即从定性评估和半定量评估到定量评估，不同评价阶段所需的数据复杂度情况不同，评价结果的精准度不同，可采用的评价方法不同，所实现的评价目标也不尽相同。Bardos 等（2016a）基于 SuRF-UK 的绿色可持续修复评价指标阐明了定性简单评价的合理性。在不同的评价目标下，当前国际上采用的主要评价方法及所适用的评价目标如表 2-1 所示。

表 2-1　污染地块绿色可持续修复主要评价方法适用矩阵

目标	层次		
	定性评估	半定量评估	定量评估
修复方案筛选	②④	①②③④⑤	③⑤⑥
修复技术评估改进	⑦	②③⑤	③⑤⑥
修复影响和效益综合评估	①②④	①②③④⑤	③⑤⑥

注：①为净环境效益评估（NEBA）；②为费用效果分析（CEA）；③为费用效益分析（CBA）；④为多目标决策分析（MCDA）；⑤为环境足迹分析（EFA）；⑥为生命周期评估（LCA）；⑦为最佳管理实践（BMP）。

（1）定性—半定量评价技术

定性—半定量评价技术主要包括 NEBA、MCDA、CEA 和 BMP 等。其中 MCDA 应用最为广泛，与其他评价方法结合得较为紧密。MCDA 的应用领域包括污染地块早期规划决策、修复方案筛选等，如 Harclerode 等（2016）分析了污染场地的早期可持续风险管控的动因和存在的困难，提出了开展可持续风险管理的五个步骤，将污染场地的风险管控与多目标决策相结合，最终达到 SMART 场地修复的目标。An 等（2017）构建了一种多目标决策矩阵，包含经济成本、二次环境影响、水质改善、修复时长、公共健康、政策支持等方面的指标，对某地下水污染场地的四种备选修复方案（长期监控、抽出处理、PRB 和空气抽提）采用层次分析法进行可持续性排序，最终得到长期监控为可持续性最优的备选方案。MCDA 与 LCA 或者风险评估（RA）相结合，可以对修复方案的社会、环境、经济综合影响进行全生命周期的定性—半定量评估。NEBA 方法广泛应用于美国超级基金、资源保护和恢复法案、石油污染法以及污染场地的修复方案筛选。美国国家海洋和大气管理局在 1990 年针对当时美国最大的石油公司——埃克森公司的溢油事件，使用 NEBA 对岩石淋洗治理和污染物的自然净化两种修复方案进行分析比较，确定了有益于环境的污染场地修复方案。美国部分州在环境立法中采纳了 NEBA 的概念以及与之相关的评估方法。

定性—半定量评价技术通常应用于场地简单、数据或场地信息缺乏、评估成本有限、时间有限的情况下，无法或没有必要开展详细的定量化评估，仅需对关键可持续指标开展定性或半定量的评价，评估结果即可以支撑相应修复决策，达到支持污染地块绿色可持续修复的目的。

（2）半定量—定量评价技术

半定量—定量评价技术以 CBA、LCA 和 EFA 为主。其中，费用效益分析（CBA）

在污染地块绿色可持续修复方案筛选评估中应用较为广泛，可在传统经济成本基础上增加对社会、环境、经济综合成本效益的评估。Soderqvist 等（2015）基于 SCORE 综合决策支持工具中的费用效益原则，定量化比较瑞典 Göteborg 市附近某化工厂原址场地的四种修复替代方案的成本效益，并开展了不确定性分析。Volchko 等（2017）对瑞典某铜污染场地的四种修复备选方案开展费用效益分析，评价了在修复方案中包含对铜的回收利用所产生的潜在社会效益。对 CBA 方法论的精细化研究包括选取评价指标中的典型指标进行量化方法学探索，以增强整体费用效益分析的准确度和量化程度，如健康损害量化结果、生态环境服务功能量化等。

污染地块生命周期评估（LCA）是半定量—定量评估技术方法中的另一种重要可行技术，主要包括过程生命周期评估和混合生命周期评估。应用场景包括对修复过程的二次环境影响进行 LCA、与 RA 等方法结合对修复工程的一次和二次环境影响进行综合评估、与输入-输出（I-O）方法结合开展包含社会经济指标在内的三次影响评估。目前已有较多研究和实践针对污染地块修复开展生命周期评价，大部分工作基于现有的评估软件，采用基于过程的评价方法对二次环境影响进行评估，即包含评估范围内的输入—输出物质流数据，这种方法易产生截断误差，从而使评估结果发生偏颇。综合考虑社会—经济指标的混合生命周期评价，可以通过数据再分配有效减小这种误差。

LCA 在污染地块绿色可持续修复方面的应用范围主要包括以下四个方面：①基于 LCA 及其他多目标决策方法的污染地块可持续管理框架的建立与应用，LCA 主要作为一种决策支持技术方法评估污染地块修复可能产生的环境影响及其可持续性，与多目标决策方法联合使用，为修复与再开发决策者提供参考和支撑；②针对不同修复技术和方案产生二次环境影响的生命周期评估案例分析，通过定量化评估不同修复方案的二次环境影响，达到修复方案筛选优化的目的；③某种类型污染地块生命周期评估的清单构建与分析，此类研究试图弥补传统 LCA 在应用于污染地块管理时缺少常见污染物清单、环境影响类别等不足，以开发适用于污染地块管理的特定 LCA 方法；④污染地块修复生命周期评估的不确定性分析研究，由于 LCA 所需数据量大、数据获取不确定性较高，直接将传统 LCA 应用于特异性强的污染地块修复会产生较大的不确定性，通过统计分析方法与污染运移模型、风险评估相结合等方法，可在一定程度上降低污染场地 LCA 的不确定性。

此外，环境足迹分析（EFA）是 EPA 开展绿色修复评价的重要方法之一，围绕绿色修复战略中的五大核心要素，判断不同修复方案或技术产生的环境影响。EPA 基于足迹评价方法理论发布了基于 Excel 的环境足迹计算工具 SEFA，可针对特定场地开展环境足迹评估。

尽管近年来我国污染地块环境管理过程中对修复和管控工程的二次环境影响越来越重视，也有学者对污染地块采用 LCA、CBA 等方法开展绿色可持续修复评估，但尚未形成污染地块绿色可持续评估技术体系，缺少相关技术指南或导则规范，在技术工具和实践应用等方面仍与发达国家具有较大差距。表 2-2 列举了部分可行技术方法的特点和优缺点。

表 2-2　绿色可持续修复评估技术特点与优缺点分析

方法	描述	优势	劣势	适用特点
净环境效益评估（NEBA）	以环境指标而非货币作为度量标准	直观表示净环境效益、损害等	需要与其他方法结合进行货币化	定性—半定量
费用效果分析（CEA）	使用自然单位评估相对于成本的效果并对修复方案进行排序	避免有争议问题的货币化	仅能评价单一指标	定性—半定量
多目标决策分析（MCDA）	从多方面分析解决决策规划问题	非货币化的方法综合多种数据	需要主观赋予权重	定性—半定量
健康生态风险评估（HERA）	阐明原因机制、预测负面健康和生态风险	定量评估绝对风险	不包含用于降低风险所采取措施的负面影响	定量
生命周期评估（LCA）	综合系统生命周期环境影响	定量开展影响评价，范围更广，评价结果更全面	数据需求量大，基于全球影响，场地精确度不够	定量
环境足迹分析（EFA）	EPA 提出的针对气、水、资源、能源、风险等指标的评估方法	针对场地修复的特定指标	不包含货币化的统一对比分析功能	定量
费用效益分析（CBA）	根据成本效益的净现值对修复方案进行排序	传统经济学方法，应用广泛的定量决策方法	需要货币化	定量

2.3　我国污染地块修复产业发展现状

自新中国成立以来，我国陆续经历了国有企业工业原始资本积累、对外开放引进外资、乡镇企业爆发式增长、工业企业整合入园、产业结构优化调整、"退二进三"政策等工业发展阶段，由此产生了大量的历史遗留工业污染地块。初步估计我国共有工业污染地块100 万～200 万块。随着过去十几年城市化进程的加快，土地再开发需求迫切，大量污染地块亟待修复，我国污染地块修复市场份额剧增。然而，长期历史缺位造成的我国土壤环境管理响应缓慢、对土壤污染问题认识不足、土壤环境监管长期缺失、土壤修复技术装备欠缺、缺少有效的修复资金监管机制等问题，使得我国在进入快速城镇化进程后，土壤环境问题和突发事件频发，我国环境管理体系在面对工业地块土壤和地下水污染的时候明显表现出不足。尽管近年来土壤环境管理制度体系在不断构建，但与日益扩张的土壤修复市场相比仍显滞后。2015 年常州外国语学校污染事件直接推动二次污染防控成为我国地块修复环境管理的焦点。事实证明，随着城市化进程的加剧，我国迫切需要加强地块修复绿色可持续评估和管理，建立可持续的土壤环境管理体系。

近年来，绿色可持续理念逐渐被国内场地修复行业广泛接受。国内有较多学者开展针对绿色修复技术，装备和材料的研究工作。针对我国绿色可持续修复的理念、实践和发展趋势等，也有学者提出了思考和建议。在绿色可持续修复评估实践方面，Hou 等

（2016）针对我国某汞污染农用地的热脱附技术和固化稳定化技术开展了基于 LCA 的绿色可持续评估研究。Song 等（2018）采用 LCA 与多目标分析（MCA）相结合的方法，结合我国相关修复标准，对我国南部某巨型污染地块复合修复技术的环境、社会、经济影响进行了可持续评估。Song 等（2019）对国内外污染地块修复和棕地再生基于自然的解决方案进行了系统梳理，为绿色可持续修复方向提供了借鉴。

在行业发展方面，国内相关研究机构组织召开了各种污染地块绿色可持续发展的小型研讨会。2017 年 6 月由中国环境保护产业协会主办，北京高能时代环境技术股份有限公司和上海格林曼环境技术有限公司承办的"2017 中国可持续环境修复大会"在北京召开，随后陆续召开了四届可持续环境修复大会。从 2018 年起，清华大学环境学院组织召开了两届环境修复清华论坛，均设置了绿色可持续修复专场。绿色可持续理念在环境修复行业中得到广泛认同。

然而在实际修复实践中，由于政策要求、修复期限、修复资金、技术可行性等多种因素限制，现阶段修复环境监管仍侧重于防止出现突发环境事件的二次污染防控措施方面，对修复全过程的能耗、物耗，以及对区域环境、社会和经济的综合影响和效益考虑较少。目前污染地块修复管理缺乏对修复全过程开展绿色可持续评估的环节。现阶段环境监理和修复效果评估几乎达不到监督、推动、促进绿色可持续修复的目的，具备相应专业能力的从业人员稀缺。未来，我国迫切需要建立污染地块修复绿色可持续评估技术方法，落实污染地块绿色可持续修复管理，推动绿色可持续的修复工程实践。

2.4　我国污染地块绿色可持续修复的实践方向

发达国家的绿色可持续管理建立在长期形成的较为完善的土壤环境管理体系的基础上。一方面包括对在产企业强化源头监管和风险防控，另一方面对历史遗留地块的风险管控和治理修复建立起成熟的资金、修复、监管制度。将土地管理制度与环境修复制度有机结合，将责任追究制度与环境管理制度有机结合，将修复资金来源与修复产业市场和污染主体责任有机衔接，从而发展起一套相互支撑、相互促进、相互激励的良性循环制度体系，为进一步发展污染地块绿色可持续管理体系奠定了坚实基础。借鉴发达国家的相关经验，我国当前大力开展的土壤污染防治工作亟须融入绿色可持续的理念。

我国现阶段土壤环境管理与规划和土地管理机构的衔接还不充分，污染地块修复市场和技术水平仍与发达国家存在较大差距。在现有制度结构的基础上，结合我国污染地块现状和市场需求，亟须从地块尺度、区域尺度和宏观政策层面开展我国污染地块绿色可持续修复实践。

（1）地块尺度绿色可持续修复实践

由于土地再开发紧迫性、技术可行性、资金限制性、第三方风险意识和沟通认识等因素的约束，我国大部分污染地块修复仍缺少精细化和绿色可持续的统筹管理实践。修复过程存在二次污染、过度修复、药剂残留、能耗物耗大、改变土地性状等潜在问题，这些问题仍缺少系统性评估。地块尺度绿色可持续修复实践的方向主要体现在治理修复和风险管控方案的评估优选、修复技术和材料的评估与改进、修复过程中二次污染防控和监控监管，以及调查修复全过程环境、社会、经济效益的综合评估等方面，是当前我国污染地块绿色可持续管理的核心需求。

（2）区域尺度绿色可持续修复实践

区域污染地块修复与再开发综合决策分析是区域土壤环境安全利用与可持续管理的重要实践内容之一。成功的棕地再生规划决策离不开贯穿污染地块再生全过程各阶段的多方合作规划战略。区域尺度的绿色可持续修复实践方向主要体现在区域多个污染地块的风险评估与优先度排序、区域地块修复再开发综合决策支持、土地利用规划与修复方案的结合与调整、区域土壤环境修复监控预警体系、区域土地安全利用和社会自然资源的合理调配、区域集中高效的规模化污染土壤和地下水治理修复中心等。

（3）宏观政策的绿色可持续修复实践

当前我国初步构建了基于风险管控思想的土壤环境保护和污染防治政策体系，但在国家和党中央大力推进生态文明建设、走绿色发展道路的大形势下，如何将土壤污染防治与绿色低碳和可持续发展相衔接，形成一套符合生态文明思想、支撑绿色发展理念、促进土壤资源永续利用的污染地块绿色可持续修复评估技术和管理体系，是推动我国土壤环境管理政策可持续发展的艰巨任务。宏观政策的绿色可持续修复实践方向主要包括开展绿色可持续修复政策和管理评估、构建与可持续发展和绿色发展相协调的污染地块绿色可持续评价指标体系、污染地块绿色可持续管理措施对宏观政策的促进作用评价等。

第3章 污染地块绿色可持续修复评估方法

本章概述了当前国内外几种典型的污染地块绿色可持续修复评估方法及其产生背景、理论基础、应用案例等，包括多目标决策分析（MCDA）、生命周期评估（LCA）、费用效益分析（CBA）及其他普遍使用的评估方法，提出了本书研究的基本框架和主要内容。关于 MCDA、LCA 和 CBA 的具体评价方法和计算过程将在第 4～6 章进行详细介绍。

3.1 基本方法

3.1.1 多目标决策分析

多目标决策分析（MCDA）面向决策制定者和利益相关方，基于严格的数学逻辑，采用准确合理的方法，综合分析技术信息、数据和各方观点，为最佳方案确定和管理决策制定提供依据。MCDA 包括问题识别、问题构造、模型建立和评价、模型应用、规划与扩展五个步骤。MCDA 理论主要包括多属性效用理论（MAUT）、层次分析法（AHP）、主成分分析法、模糊规划法（Fuzzy Planning）和 TOPSIS 法等。在污染地块管理过程中，往往面临综合大量信息的决策过程，包括对场地特征、修复技术、公众接受度、各利益相关方观点、政策要求和约束、成本投入、预期效益等多种因素的综合考虑。因此，MCDA 广泛应用于污染地块管理，是一种可以支持社会、环境、经济多指标污染地块绿色可持续综合评价的重要方法。但由于污染地块修复本身是涉及污染物毒性、健康风险评估、修复技术适用性、各利益相关方等较为复杂且特异性强的一个系统，单纯采用 MCDA 会存在不确定性较大的问题，特别是毒性暴露与健康风险属于风险评估的范畴，因此通常将 MCDA 与其他污染地块常用评估方法相结合，以实现绿色可持续评估的目的。

基于 MCDA 的污染地块修复绿色可持续评价工具很多，特别是对于需要综合考虑社会、环境、经济多重指标因素的可持续评价决策过程，MCDA 是基本的决策方法。但大多数工具不仅采用 MCDA 的方法，一些半定量或定量的评估工具可能会与 CBA、LCA、RA 或其他方法相结合，以给出最全面、客观、准确的评价结果。Cappuyns 和 Huysegoms 等（2017）对当前用于污染地块可持续管理的决策工具做了梳理，包括欧洲的 REC、

DESYRE、SCORE 等和美国的金牌可持续评价工具（Gold SET）等都是基于 MCDA 的
理论方法，对多重指标进行综合评估决策。其中 SCORE 包含了 CBA 模块，REC 包含了
从前期调查到修复后管控的全过程生命周期理念。

3.1.2 生命周期评估

国际标准化组织（ISO）提出的通用 LCA 方法包括目标和范围、清单分析（LCI）、
生命周期影响评估（LCIA）和结果分析四个阶段。美国 SuRF 针对场地修复 LCA，将具
体步骤细化为九步法，如图 3-1 所示。

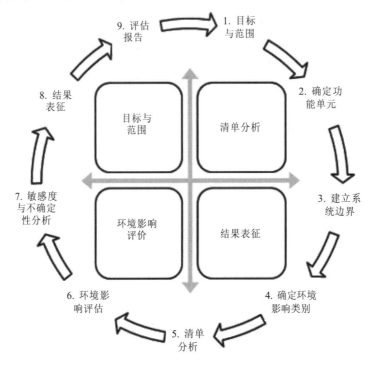

图 3-1 污染地块修复生命周期评估程序

目前，国际上通用的 LCA 模型较多，使用最多的是荷兰 PRé Consultants 公司开发的
SimaPro 商业软件，其中包含 ReCiPe 2008、Eco-indicator 99、Impact 2002+、CMLCA 2001、
EDIP 2003 等应用广泛的 LCA 模型及 Ecoinvent v2、US LCI 等清单数据库。LCA 模型的
区分主要在于 LCIA 模型，可分为以损害为主的模型（终结点模型）和面向问题的模型（中
间点模型）。

终结点模型将各环境影响类型再进行分类汇总，得出每个大类的环境影响，可用于
对最终造成的环境损害进行评估，如 Eco-indicator 95、Eco-indicator 99、EPS 2000 等模
型。中间点模型则未将环境影响归结到人类、资源、自然环境的大类中，而是针对各个
详细的环境影响类别给出评价结果，如 EDIP 97、EDIP 2003、CMLCA 2001、TRACI 2.1

等模型。有些 LCA 模型（如 Impact 2002+和 ReCiPe 2008）综合了上述两种模型，既包括若干类中间影响类别，又将中间影响类别归纳到最终损害大类中，对于两个层次的影响均给出了计算结果。各种主流 LCA 模型及主要特性见表 3-1。

表 3-1　污染地块修复评估主要 LCA 模型及主要特性

年份	国家/机构	模型	分类	特性
2003	丹麦	EDIP 2003	中间点模型	根据 EDIP 97 改进的模型，增加了一些在空间上有区别的特征模型，其预测结果与实际更为一致，能更容易、更明确地解释对环境的破坏
1999	荷兰	Eco-indicator 99	终结点模型	基于对环境损害的原理进行环境影响评价，其环境包括产品资源、人类健康、生态系统三个方面
2000	瑞典	EPS 2000	终结点模型	通过对不同的环境影响指标取值避免对环境保护目标的负面影响，影响类型包括生物多样性、产品、人类健康、资源和美学价值
2001	荷兰莱顿大学环境研究中心	CMLCA 2001	中间点模型	以全球年环境影响总值为标准，将影响分为材料消耗、能源消耗和污染三个大类，中间点分析减少了假设的数量和模型的复杂性
2002	瑞士联邦技术研究所	Impact 2002+	中间点模型与终结点模型	结合了 CML 2001 的中间点模型和 Eco-indicator 99 的终结点模型
2002	美国国家环境保护局（EPA）	TRACI2.1	中间点模型	基于《US EPA 超级基金风险评估导则》《US EPA 暴露因子手册》、美国国家酸雨评估项目等，强化了毒性和健康风险评估，将影响因子分为致癌因子和非致癌因子
2008	荷兰	ReCiPe 2008	中间点模型与终结点模型	结合了 CML-IA 的中间点模型和 Eco-indicator 99 的终结点模型，提出 18 种中间点影响类型，并将其归纳至人类健康、生态系统和资源成本三种终结点类型
2004	日本	LIME	终结点模型	由先进工业科学与技术国家研究所提出，包括特征化、损害评估和赋权的日本国民经济归一化，还包括 11 种环境影响类别，归结为人类健康、社会福利、生物多样性和植物生产力四种损害类型
2002	中国	AGP	中间点模型	由中国学者杨建新等（2002）提出，相较国际 LCA 模型，增加了中国本地的固体废物/危险废物、烟尘/灰尘指标类型，采用 2000 年目标距离法确定指标权重，未来版本将增加大气污染（健康）和水体重金属污染两个指标

3.1.3　费用效益分析

费用效益分析（CBA）是污染地块修复决策支持的一种重要技术方法。污染地块修复 CBA 的评价因子可以包括人体健康、环境、土地利用、各利益相关方和公众偏好等环境、社会和经济综合因素。地块修复费用效益分析研究主要应用于三个层次：①对大尺度或区域范围内多个污染地块的综合治理修复与再开发决策进行基于费用效益分析的优先度排序，为区域土地规划提供决策支持；②针对某个特定污染地块的多个备选修复方案开展费用效益分析以筛选费用效益最优的修复方案；③对已开展修复的某个特定污染地块开展回顾性评价以评估该修复项目的环境、社会、经济综合可持续整体效益。

瑞典环境保护局针对污染地块开展了一项分步式 CBA 研究。第一步，定义潜在的替代方案技术和包含成本项、效益项的目标函数。第二步，将所有识别的费用和效益项总结在两张表中，对每个因子的重要性进行定性评价。第三步，利用定量货币化的方法计算每个成本和效益项的值。如果在合理的情况下没法获得货币化的值，则维持第二步中的定性评价。第四步，将所有的成本和效益进行加和，对最终结果进行解释。此外还应当包括敏感性分析。

英国环境署 1999 年发布的《污染场地修复费用效益分析手册》中主要包含五个步骤。步骤Ⅰ为筛选阶段，步骤Ⅱ为定性分析，步骤Ⅲ为费用效果分析（CEA）和多目标分析（MCA），步骤Ⅳ为费用效益分析（CBA），步骤Ⅴ为敏感性分析并最终选择最优方案。

基于已发布的相关技术导则和案例研究，当前使用较为广泛的基于 CBA 方法的污染地块修复综合决策工具包括欧盟早期开发的 REC 决策工具、瑞典的 SCORE 场地修复可持续决策工具、美国 SADA 空间分析决策支持系统等。超级基金也曾基于 CBA 方法开发了综合考虑不同潜在土地再利用类型和生态服务价值的修复方案综合决策系统 SARR。

3.1.4 其他评估方法

（1）环境足迹分析（EFA）

美国国家环境保护局将环境足迹分析作为绿色修复评价的重要方法之一，围绕绿色修复战略中的五大核心要素，判断不同修复方案或技术产生的环境影响。美国国家环境保护局在 2012 年发布的《了解和减少项目环境足迹方法》中提出了环境足迹评价的七步法，对材料与废弃物、能源、空气/大气、水、生态系统五大核心要素 21 个评价指标开展定性或定量评价。美国国家环境保护局基于足迹评价方法理论发布了基于 Excel 的环境足迹计算工具——SEFA，其与美国材料标准协会（ASTM）联合推出的《绿色修复标准导则》中也推荐了环境足迹分析的方法。加利福尼亚、伊利诺伊等州级环保机构也发布了相应的环境足迹评价工具。美国可持续修复论坛（SuRF）在 2011 年的《修复行业足迹分析和生命周期评估导则》中指出，环境足迹分析比 LCA 过程更加简明，所需的信息和时间也更少，对于信息缺失、评价指标单一（如更加关注气候变化因子）、评价过程比较明确的情形，可以采用足迹分析方法提供定性和指导性的决策支撑。

（2）净环境效益评价（NEBA）

NEBA 可以对不同的环境管理方案进行环境净效益评估，通常适用于污染场地修复方案的评估。与 CBA 不同的是，NEBA 以环境指标而非货币作为度量标准。NEBA 的评估结构由前期规划、参考状态表征、修复方案净环境效益分析和 NEBA 结果比较四个阶段组成。

（3）最佳管理实践（BMP）

EPA 围绕绿色修复原则和核心要素，提出了修复全过程减少环境足迹的最佳管理实践（BMP）要求，包含场地调查阶段、修复设计、修复实施、修复运行维护和长期监控阶段的不同措施，针对异位挖掘、土壤气相抽提和空气注射、地下水抽出处理、生物修复、原位热处理等典型修复技术提出了 BMP 系列指南文件以供修复实施者开展定性评估或选取适用于场地的措施来推进绿色修复。2016 年更新的 ASTM《绿色修复标准导则》中，为主要修复技术可能涉及的 BMP 类型提供了详细的列表供从业者参考。对于简单场地，EPA 鼓励采用 BMP 对修复实施开展优化。截至 2019 年 1 月，美国超级基金已有 35 个场地开展了最佳管理实践的示范。EPA 在大量实践经验的基础上，为推动绿色修复技术的应用特别是在工业界的推广提供了大量基础素材和技术支撑。

（4）物质流分析（MFA）

物质流分析（MFA）是指在一定时空范围内关于特定系统的物质流动和储存的系统性分析，最早用于研究经济系统中物质的输入、输出，主要用于区域和国家尺度的物质资源新陈代谢。物质流分析在环境领域主要用于固体废物管理、资源管理等方面，可以对特定物质的输入、使用、储存、输出及再利用的全过程进行定量分析评估，也可以对特定社会经济系统开展输入、输出分析。物质流分析是支撑我国多尺度循环经济发展的核心调控手段。

物质流分析包含三个主要步骤：①系统定义和模型开发，对所分析的物质和相关过程进行说明；②存储、数据采集和量化；③物质流分析和对结果的解释。物质流分析主要适用于国家或区域尺度的污染地块管理。可以从材料流分析（Substance Flow Analysis，SFA）的角度对污染土壤和污染物质的全生命周期和通量开展定量评估，量化污染地块修复对区域尺度的社会经济资源消耗及环境影响，从而有助于支持区域污染地块可持续空间规划和环境管理政策制定。也可以从整体物质流分析（bulk-MFA）的层面，以经济系统为单位开展区域整体修复活动的投入产出分析。

国际上已有研究较早地开展了区域污染地块土壤和污染物修复去向的物质流分析，为区域土壤修复环境管理决策提供了支撑。瑞士的 Schwarzenbach 和 Scholz（1999）对苏黎世州马特河谷 73 个地块土壤修复所产生的土壤通量和污染物通量进行了估算，比较了采取异地填埋和集中淋洗等不同处置措施对区域环境影响、资源循环利用、修复处置成本等的不同影响，评价了苏黎世州污染地块管理措施变化的有效性。

除上述开展污染地块绿色可持续评估的主要方法和工具以外，国际上还有较多依托绿色可持续修复评价指标建立的定性和定量的评估工具。美国除 EPA 以外的其他联邦机构、各州政府等相继开发了各自的评价工具。例如，美国海军、陆军工程兵团及巴特尔纪念组织共同研发了基于 Excel 和生命周期原理的 SITEWISE 可持续修复评价工具，并被美国修复工业界广泛使用。美国空军工程和环境中心委托 AECOM、GSI 环境公司和 CH2MHill 联合开发了基于 Excel 的可持续修复评价工具 SRT，用于对备选修复方案开展可持续评价和优化决策。这些工具通过联邦政府、州政府、绿色可持续修复组织等发布并被工业界广泛使用，在很大程度上推动了绿色可持续修复产业的发展和技术进步。

3.2　基本框架

本书首先通过梳理国际经验和国内外文献，分析我国当前污染地块修复可持续发展情况，并结合当前地块环境管理需求和产业发展趋势，进一步明确和锁定污染地块修复绿色可持续评估技术方法的实际需求。

其次，在梳理和归纳总结国际上通用的评估模型与方法工具的基础上，结合案例评估需求，进一步提出本书重点研究的评估方法内容，从定性—半定量—定量化评价出发，筛选多目标分析、费用效益分析、生命周期评估等进行重点分析和开展模型方法及参数的优化研究。

再次，通过案例实证研究，开展区域地块管理可持续评估、污染地块修复二次影响评估、污染地块修复社会经济环境综合效益评估等方法学优化。

最后，总结我国污染地块绿色可持续修复在地块、区域、宏观政策尺度"三位一体"的评估方法框架建议（图 3-2）。

3.3　主要内容

本书包含的主要内容如下：

①梳理国内外污染地块绿色可持续评估方法研究和实践进展。明确社会实际需求，识别关键科学问题，构建评估方法体系和研究技术路线。

②结合具体案例开展地块尺度修复绿色可持续评估，选取我国西部典型铬污染地块开展修复生命周期评估案例研究，评估修复工程二次环境影响及不同修复单元的主要影响因素，为修复技术绿色化提升改进提供参考。

③选取典型污染地块开展修复费用效益分析案例研究，尝试补充构建适用于我国本土的污染地块修复费用效益分析特征参数库，为我国污染地块绿色可持续修复提供技术支撑。

④初步构建区域尺度污染地块修复优先度排序和修复再开发规划评估程序与方法，并基于该程序方法开展案例研究。

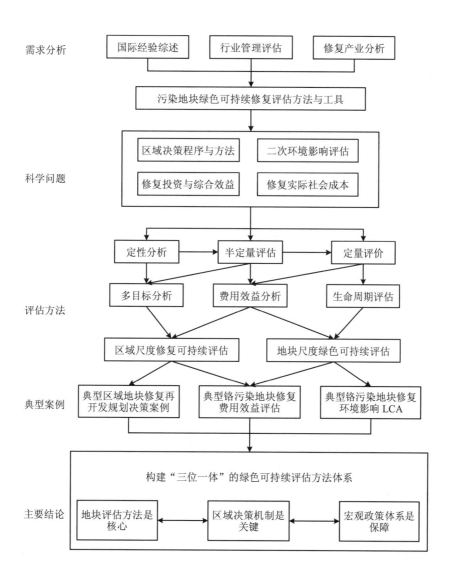

图 3-2 污染地块绿色可持续修复评估方法基本框架

第4章　污染地块修复生命周期评估

发达国家污染场地修复管理重视绿色修复技术的研发应用和政策扶持，侧重于全过程的综合协调和利益相关方的全面参与，倡导可持续污染场地风险管理和多目标决策，强调修复工程的整个生命周期可能对环境产生的影响，不再仅限于修复工程实施单个方面。而我国污染地块修复还处于起步阶段，修复技术多以高能耗、见效快的异位修复为主，修复工程多以实现修复目标、削减污染场地自身风险为侧重点，鲜有关于绿色修复技术与政策的相关研究和实践报道。总结发达国家污染地块修复生命周期评估（LCA）的方法和经验，探索我国典型场地修复生命周期评估实践，对于开展我国污染地块绿色修复和可持续管理研究具有重要意义。

发达国家污染地块修复生命周期评估（LCA）的方法可结合污染场地特征数据，用于定量评价修复全过程的二次环境影响，识别修复环境影响关键贡献过程，改善修复工程对场地和区域尺度的负面环境影响，促进绿色可持续的修复技术发展。LCA 也可与风险评价模型结合对修复一次环境影响（污染物毒性影响）进行评估，采用混合 LCA（Hybrid-LCA）或与 MCA 相结合的方法对三次影响（社会经济影响）开展评估。本书中主要采用基于过程的 LCA 对污染地块修复开展二次环境影响评价。根据 ISO 提出的 LCA 四步法，各阶段具体内容和方法描述如下。

4.1　生命周期评估方法

4.1.1　确定目标和范围

确定目标和范围是 LCA 过程中至关重要的步骤。确定目标旨在说明开展场地修复生命周期评价的主要目标，以及评估结果的决策支持领域。通常污染地块 LCA 的目标可分为两种：①用于修复活动开展前的修复方案比选评估；②在修复实施后开展生命周期回顾性评价。其中，前者可作为污染场地修复管理决策支持的依据；后者可提供修复技术的影响基准，从而为进一步改善修复技术提供参照。

确定范围是为了保证研究的空间、时间和评价深度满足规定目标。所有的系统边界、功能单元、评价时间、修复技术流程、生命周期影响评估（LCIA）模型、影响类型等要素都应该在范围界定中表述清楚。SUèR 等（2004）认为评价土壤修复最重要的是界定时间和空间范围以及评价二次环境过程可能产生的环境影响。而 Lemming（2010）则认为范围应包括系统边界、时间边界和技术与环境边界，以及 LCA 类型的选择。范围界定准确程度和与评价目标的契合度将影响 LCA 结果的可靠性。

4.1.2　清单分析

清单分析是针对某一系统过程整个生命周期进行数据收集、整理、审核，并将数据与单元过程（Unit Process）或功能单元（Functional Unit）进行关联的过程。在污染地块中修复特指对场地修复工程在整个生命周期内的能源、材料消耗量与向环境的排放进行基于大量数据的客观量化过程。污染地块修复清单分析的核心是建立以功能单位表达的修复系统的输入和输出，其所使用的清单数据的准确性和场地适用性对于最终 LCA 结果的不确定性至关重要。

目前，污染地块特定的生命周期清单（Life Cycle Inventory，LCI）尚未建立，相关研究采用通用的 LCI 数据库，如基于国家层面的丹麦 EDIP 数据库、美国的 LCI 数据库或欧盟层面的参考生命周期数据库（ILCD）、瑞士 Ecoinvent 数据库等。这些通用数据库包括运输、原材料消耗、能耗等场地修复 LCA 必需的清单数据，但缺乏污染地块特有的数据，如活性炭生产、原位化学药剂或反应材料生产等信息，使采用通用数据库计算的 LCA 结果存在较大不确定性。Volkwein 等（1999）在开发的污染地块修复 LCA 模型中包含了 42 种通用 LCA 数据清单，并为 54 项单元过程提供了基础数据。Page 等（1999）在 LCA 框架的案例研究中通过实际工程报告数据、专家咨询等方式构建了其清单数据。Cadotte 等（2007）在其构建的 LCI 中包括了四种修复技术的环境负荷、设备、能耗、电耗，并使用了 Ecoinvent 数据库中的二次环境影响数据。美国能源部也在其网站上公布了 US LCI 数据供下载，其中包含废物管理和污染场地修复模块。这些研究对污染地块相关的 LCI 构建具有一定帮助，但总体来说污染场地 LCI 仍存在不确定性大、数据可获得性较差等问题。

4.1.3　生命周期影响评估

LCIA 是针对清单分析的输入输出量化结果开展环境影响评价的过程，用以说明修复工程中各环境交换过程的相对重要性以及每个生产阶段或修复技术单元过程的环境影响贡献大小。LCIA 是 LCA 的核心内容，一般包括以下三个基本过程：①选择影响类型、参数和特征化模型；②分类：将清单分析结果划分影响类型；③特征化：对类型参数结果的计算。

目前国际上常用的 LCIA 中包括全球影响和局部影响，其中全球影响主要包括不可再生资源消耗、全球变暖、臭氧层消耗、可更新资源的消耗、酸化、富营养化等；局部影响主要包括固体废物堆积、健康毒性、生态毒性、土地利用等。针对污染地块的特定 LCA 影响类型还包括土壤质量参数变化、生境损害和人类社会扰动等。此外，污染地块 LCIA 也分为首要环境影响和二次环境影响，前者主要指目标污染物所直接产生的局部范围内的毒性风险，后者则指修复工程实施过程中所产生的对区域乃至全球范围内环境介质的影响。由于涵盖不同的影响类型，采用不同的特征化模型和计算方法，产生了较多的 LCIA 模型，也会在一定程度上影响结果的一致性。LCIA 模型主要分为中间节点法（环境问题法）和损害终结点法（目标距离法）两大类，瑞士、荷兰、瑞典、丹麦、美国、日本等都开发了基于本国数据库和区域环境标准或排放目标的 LCIA 模型。对于这些 LCIA 模型的影响类型、评估尺度、标准化基准和权重确定等简介如表 4-1 所示。

LCA 由于需要大量的基础数据支撑，对特定行业建设有专门的数据库，其商业化程度相对较高，目前使用较广泛的 Simapro 和 Gabi 等 LCA 商业软件中包含大部分广泛使用的 LCIA 数据库，可以为场地修复 LCA 提供计算工具，其余基于特定数据库的 LCA 免费软件包括 CML 研发的 CML2001、Impact 2002+等。

4.1.4　结果表征

将生命周期影响评估结果通过图表等形式表现出来，并对结果进行合理阐释，即 LCA 的结果表征。通常污染地块修复 LCA 结果分析包括：①首要环境影响的各类影响类别（主要是健康和生态风险或毒性评估）的归一化结果；②二次环境影响的各类影响类别（全球变暖、酸雨、能源资源消耗等传统 LCA 影响类别）的归一化结果；③综合 LCA 或社会经济 IO-LCA 等其他涉及三次影响的社会经济影响类别结果。也有人研究将 LCA 结果进行货币化统一，评估污染场地及其修复活动带来的环境损失，以便于计算环境污染损害，对比不同污染场地的环境影响等。

4.1.5　不确定性分析

不确定性是 LCA 受到质疑的最大原因之一。通常认为，LCIA 是 LCA 中难度和不确定性最大的部分。Reap 等（2008b）针对 LCA 的四个阶段提出了包括数据来源及可信度、时间跨度、边界选择、权重和估值等共计 15 个尚未解决的关键问题，并根据其对评估结果影响的大小和敏感度进行了排序，认为 LCIA 阶段是整个 LCA 过程中不确定性最主要的来源之一。针对削减 LCIA 阶段不确定性的研究主要包括以下四个方面：

表 4-1　典型生命周期影响评估模型方法

序号	方法名称	国家（年份/更新年份）	环境影响类型评价方法		包含环境影响类型				评估尺度			标准化基准选择	权重确定方法
			中间节点	损害终结点	损害类型	影响类型	当量因子		全球	区域	局地		
1	临界体积法	瑞士（1991）	—	√	—	—	—			√		区域或国家环境标准	—
2	生态目标评估模型（生态稀缺法）	瑞士（1991）	—	√	污染物排放 能源消耗 固体废物	—	—			√		区域或国家污染物排放目标（标准）	—
3	荷兰效应类型模型（CML-IA）	荷兰（1992/2001）	√	—	—	资源消耗 温室效应 酸化 光化学烟雾 富营养化 臭氧层破坏 人体毒性 生态毒性 土地利用	kg Sb 当量/年 kg CO_2 当量/年资源可用性 kg SO_2 当量/年 kg C_2H_4 当量/年 kg PO_4^{3-} 当量/年 kg CFC-11 当量/年 kg 1,4-DCB 当量/年 kg 1,4-DCB 当量/年 m^2/年		√			分别提供各影响类型单位影响因子的环境负荷型荷兰（1997）、西欧（1995）、全球（1995 和 1990）年标准化基准值	非必要
4	环境优先权模型（EPS）	瑞典（1991/2000）	—	√	人体健康 生态系统生产力 非生物资源多样性 生物多样性 文化与审美价值指数	—	—			√		每单位影响类型环境因子的环境负荷（ELU/Indicator Unit）	采用环境恢复意愿支付法（WTP）确定权重
5	Eco-indicator 99	荷兰（1995/1999）	—	√	人体健康 生态系统质量 矿产与化石资源	—	DALYs① 植物物种额外增加的能量消耗（MJ） 提取剩余资源所需额外增加的能量消耗（MJ）		√			采用丹麦和欧洲 1990～1994 年的环境影响基准值；全球变暖（CFC）采用全球排放数据	仅对三种环境恢复损害类别进行加权：人体健康、生态系统质量、资源

序号	方法名称	国家（年份）更新年份	环境影响模型分类与评价方法		损害类型	影响类型	当量因子	评估尺度			标准化基准选择	权重确定方法
			中间节点	损害终结点				全球	区域	局地		
6	EDIP97	丹麦（1997）	√	—	—	全氧变暖	t CO₂ 当量/（人·年）	√			全球影响使用 IPCC/WMO 数据；区域影响使用欧洲 1994 年总影响作为标准化基准数据	—
						臭氧层破坏	kg CFC-11 当量/（人·年）	√				
						酸化	kg SO₂ 当量/年		√			
						富营养化	kg PO₄³⁻ 当量/年		√			
						光化学烟雾	kg C₂H₄ 当量/年		√			
						人体毒性	m³/g（达到人群参照剂量所污染的环境介质体积）		√			
						生态毒性	某环境介质暴露在单位体积放污染物中的体积（m³/g）		√			
7	EDIP2003	丹麦（2003）	√	—	—	全球变暖	t CO₂ 当量/（人·年）	√			全球影响使用 IPCC/WMO 数据；区域影响使用欧洲各国 1990 年或 2010 年总影响作为标准化基准数据，或欧洲 1994 年总影响作为标准化基准数据	采用政策目标距离确定；不同环境类型的重要性权重
						臭氧层破坏	kg CFC-11 当量/（人·年）	√				
						酸化	未保护生态系统面积（m² UES/f.u.）		√			
						富营养化-陆地	超过富营养化临界负荷的陆地生态系统衰退面积（m² UES）		√			
						富营养化水体	kg NO₃⁻ 当量/（人·年）		√			
						光化学烟雾	植被 AOT40[m²·ppm·h/（人·年）]或人群 AOT60[人·ppm·h/（人·年）]		√			
						人体毒性	潜在暴露量/（人·年）			√		
						生态毒性	某环境介质暴露在单位体积放污染物中的体积（m³/g）			√		

序号	方法名称	国家（年份/更新年份）	环境影响模型分类与评价方法		环境影响类型			评估尺度			标准化基准选择	权重确定方法
			中间节点	损害终结点	损害类型	影响类型	当量因子	全球	区域	局地		
8	Impact 2002+	瑞士（2002）	√	√	人体健康/DALYs	健康毒性（致癌物质+非致癌物质）	kg C$_2$H$_3$Cl 当量	√	√		四种最终损害影响类型的西欧年人均排放数据作为标准化基准数据；中间影响类型也提供基准因子	非必要；如需加权可使用三角形权重法
						可吸入无机物	kg PM$_{2.5}$ 当量					
						辐射效应	Bq ^{14}C 当量					
						臭氧层破环	kg CFC-11 当量					
						可吸入有机物	kg C$_2$H$_4$ 当量					
					生态质量物种/(PDF·m^2·a/kg)④	水生态毒性	kg 三乙二醇当量（水体）					
						陆地生态毒性	kg 三乙二醇当量（土壤）					
						陆地生态酸化	kg SO$_2$ 当量（空气）					
						水生态酸化	kg SO$_2$ 当量（水体）					
						水生态富营养化	kg PO$_4^{3-}$ 当量					
						土地占用	年有机耕种土地面积当量（m^2）					
					气候变化/资源/MJ	全球变暖	kg CO$_2$ 当量					
						非可再生资源	MJ 或 kg 原油当量（860 kg/m^3）					
						矿产开采	MJ 或 kg 铁矿石当量					

序号	方法名称	国家（年份更新年份）	中间节点	损害终结点	损害类型	影响类型	当量因子	全球	区域	局地	标准化基准选择	权重确定方法
9	TRACI 2.1	美国（2002）	√		—	臭氧层破坏	kg CFC-11 当量	√			区域影响类型采用美国平均值作为特征参数；气候变化采用IPCC2001报告的CO₂当量作为标准化基准因子；臭氧层破坏采用WMO推荐的臭氧层衰退潜值；健康和生态毒性采用USEtox中的特征因子	
						全球气候变化	kg CO₂ 当量	√				
						酸化	kg SO₂ 当量		√			
						富营养化	kg N 当量		√	√		
						光化学烟雾	kg O₃ 当量			√		
					人体健康	颗粒物	kg PM₂.₅ 当量			√		
						致癌物	CTUcancer/kg		√			
						非致癌物	CTUnoncancer/kg	√				
						生态毒性	CTUeco/kg	√				
						化石燃料使用	MJ	√				
10	ReCiPe 2008	荷兰（2008）	√	√	健康损害/DALYs	健康毒性	城市空气中的1,4-二氯苯当量		√		继承综合了Eco-indicator 99 和 CML-IA	
					全球变暖	气候变化	kg CO₂ 当量					
						臭氧层消耗	kg CFC-11 当量					
						土地酸化	kg SO₂ 当量					
					生态破坏 物种潜在消失率/（PDF·m²·a/kg）	地表水富营养化	kg P 当量					
						海洋富营养化	kg N 当量					
						光化学氧化剂	kg 非甲烷VOC当量					
						颗粒物	空气中PM₁₀当量					
						陆地生态毒性	工业用地1,4-二氯苯当量					
						淡水生态毒性	淡水1,4-二氯苯当量					
						海洋生态毒性	海洋1,4-二氯苯当量					
						离子辐射	空气中²³⁵U					

序号	方法名称	国家（年份/更新年份）	环境影响模型分类与评价方法		损害类型	包含环境影响类型		评估尺度			标准化基准选择	权重确定方法
			中间节点	损害终结点		影响类型	当量因子	全球	区域	局地		
10	ReCiPe 2008	荷兰（2008）	√	√	资源消耗 增加成本/美元	农用土地占用	年农用土地面积（m²）				继承综合了 Eco-indicator 99 和 CML-IA	
						城市土地占用	年城市土地面积（m²）					
						自然土地占用	自然土地面积（m²）	√				
						水资源消耗	m³		√			
						矿产资源消耗	kg 铁当量					
						化石能源消耗	kg 原油当量（热值 42 MJ/kg）					
11	AGP	中国（2002）	√		—	不可更新资源消耗	kg	√			全球影响类型采用 1990 年全球数据基准；区域和局部影响类型采用全国或中、东、西部地区数据基准	采用 2000 年目标距离法确定权重
						全球变暖	kg CO₂ 当量	√				
						臭氧层损耗	kg CFC-11 当量	√				
						可更新资源消耗	kg		√			
						酸化	kg SO₂ 当量		√			
						富营养化	kg NO₃ 当量		√			
						光化学臭氧合成	kg C₂H₂ 当量		√			
						固体废物	kg 固体废物			√		
						危险废物	kg 危险废物			√		
						烟尘及灰尘	kg 烟灰			√		

注：①DALYs 为伤残调整寿命年（Disabled Adjusted Life of Years）；
②植被 AOT40：超过 40ppb（×10⁻¹²）暴露浓度总时长；
③人群 AOT60：超过 60ppb（×10⁻¹²）暴露浓度总时长；
④PDF 为物种潜在消失率；
⑤ppm=10⁻⁶；
⑥UES 指未保护生态系统；
⑦f.u. 指功能单元。

（1）不确定性来源分析

Bare 和 Gloria（2006）系统梳理了常用的 LCIA 模型，并从中间环境效应、影响后果、危害权重取值等方面对各种模型从健康影响、环境破坏和自然资源消耗等方面进行了对比分析。美国 SuRF 提出建立系统边界时修复活动的时空范围和修复技术边界确定、LCIA 阶段中间效应指标和损害后果（最终指标）计算、特征化过程中的模型选择和参数取值是 LCA 结果产生不确定性甚至错误的主要来源。最近构建的生命周期数据系统（Life Cycle Data System，ILCD）对于提高 LCIA 的基础数据可对比性也有较大帮助。Hou 等（2014a）研究表明，不同污染场地和修复技术条件都可能对 LCA 最终评价结果产生较大影响。

（2）尝试使用污染场地实际信息以降低 LCIA 的不确定性

由于污染场地修复 LCIA 在计算环境影响的量化表征时，大多数情况仍使用通用的污染归趋和暴露模型，与场地目标污染物的迁移扩散和受体暴露的实际情况存在一定差异，造成环境影响的最终计算结果有较大偏差。Godin 等（2004）、Hellweg 等（2005）、Lemming 等（2012）分别针对场地污染物迁移扩散模型与 LCA 的结合做出了尝试和案例评估。这些将污染场地实际信息纳入 LCIA 过程的研究在降低 LCIA 不确定性方面起到了一定作用，但污染场地修复 LCIA 仍缺乏统一的技术模型。此外，这些尝试利用污染场地基础数据进行 LCIA 研究的大多数案例集中在污染场地修复阶段，没有从污染场地调查、评估、修复和再开发、生态恢复的全过程开展 LCIA 研究，同时 LCIA 模型也没有针对污染场地信息和修复方案进行专门的优化改进。

（3）通过完善 LCIA 模型和采用概率方法分析 LCA 不确定性

蒙特卡洛方法作为分析不确定性因素的常用技术，已被用于污染场地风险评估模型优选和污染场地修复 LCA 结果的不确定性分析。Lo 等（2005）将贝叶斯蒙特卡洛方法和 LCA 联合建立的概率 LCA 模型与传统 LCA 模型进行对比分析，显著降低 LCA 结果不确定性。Hou 等（2014b）通过采用传统 LCA 模型与考虑社会经济因素的 IO-LCA 相结合的模型，纳入更多的评价过程、数据和影响类别来提高 LCA 的准确性，降低不确定性。上述针对污染场地修复 LCA 不确定性的研究表明，在 LCIA 阶段的不确定性来源分析方面已取得一定进展，然而，大部分场地修复 LCA 不确定性研究都集中在采用常规 LCIA 模型的不确定性分析方面，缺少在充分利用污染场地修复基础信息的前提下进行 LCA 结果不确定性分析的尝试。

（4）联合使用其他决策支持方法完善场地修复 LCA 研究

有学者将 LCIA 与 NEBA、MCDA 等联合起来为污染场地修复管理的综合判断提供决策支持。然而，由于 LCIA 使用数据来源与其他评估方法的差异，不同类型环境损害和不同方法评估结果的可比性仍存在争议，基于 LCA 与其他决策方法联用的研究较少且多数学者对结果持谨慎态度。

总体而言，不同污染场地基础条件和修复技术条件都可能对 LCA 最终评价结果产生较大影响，不确定性分析仍是污染场地修复 LCA 研究中的重要组成部分，在污染场地修复 LCA 实际应用研究中不可或缺。

4.2 地块修复生命周期评估案例

4.2.1 研究背景

铬是我国《土壤污染防治行动计划》的重点监测污染物和化工、电镀、制革等重点行业的关键污染因子。我国现存 60~70 余块铬盐及铬渣堆场遗留污染场地，此外还包括上千家电镀企业和数百家鞣革企业等场地。六价铬（CrO_4^{2-} 和 $HCrO_4^-$）具有急性毒性、致癌性、致突变等毒性作用，在还原态和酸性条件下易于从土壤吸附中释放出来，具有迁移性，由于六价铬呈黄色而有显现性。"十二五"期间我国开展了全国铬渣污染综合整治，对历史遗留的 600 多万 t 铬渣进行了无害化处置。"十三五"以来，我国启动了对少数铬污染场地土壤和地下水的修复工程。2017 年环境保护部发布了《铬污染地块风险管控技术指南（试行）》（征求意见稿），对铬污染地块风险管控技术要点、工程措施等提出了要求。目前，我国铬污染场地修复以异位挖掘化学还原稳定化和地下水抽出处理为主，近年来在一些典型中试工程中也尝试采用土壤异位淋洗和原位注入化学还原等修复技术。但在铬污染修复工程实施过程中仍缺少对二次环境影响的定量化评估，存在对二次污染防控措施重视不够，对技术选择的成熟度、修复综合环境效益评估不足等问题。面对我国严峻的铬污染场地修复形势，未来大量铬污染场地修复工程将逐步启动，开展绿色可持续修复技术实践，对于支撑我国铬污染地块修复全过程风险管控和可持续管理具有重要意义。

对于重金属类污染场地，国内外已有较多针对修复工程或者技术开展的 LCA 案例评价工作，包括铅、砷、汞以及有机物和重金属复合场地等。但尚未有专门针对铬污染场地修复开展系统生命周期评估的研究。本书选取我国西部某典型铬污染地块，对修复工程开展生命周期评估，分析不同修复技术对环境影响的贡献度，识别不同修复技术的关键环境影响因子，评估修复全过程环境影响。研究结果可为铬污染地块绿色修复最佳实践策略提供参考，为我国污染地块绿色可持续修复评估和未来应用提供案例支撑和技术支持。

4.2.2 材料与方法

4.2.2.1 场地概况

本书针对中国西部某高原地区历史遗留铬盐厂污染土壤和地下水修复工程开展生命周期评估。该铬盐厂为历史红矾钠化工厂，占地面积 8.4 万 m²，生产历史十余年。所处区域年均温度 $-5.7\sim2.3\,℃$，土壤最大冻深 1.81 m，多年年均降水量 411.4 mm。场地位于饮用水水源地上游，原厂生产过程中排放的含 Cr（VI）高浓度废水、红矾钠母液以及简单堆存的铬渣严重污染化工厂周边土壤及地下水。场地调查结果显示，厂区及渣场铬污染土壤总计约 20 万 m³，土壤表层 0～1 m 中六价铬浓度均值为 500 mg/kg，最大值为 7 733 mg/kg，最深污染至 18 m；厂区地下水中六价铬浓度均值为 1 000 mg/kg 左右，最大值为 1 418 mg/kg。六价铬浓度占总铬浓度的 56.63%。

该场地土壤中六价铬修复目标值为 50 mg/kg，地下水中六价铬修复目标值为 0.5 mg/L。场地自 2013 年开始重污染区的修复工程，至 2018 年年底修复完成。表层土壤采用异位化学还原技术，1～5 m 浅层土壤采用异位化学淋洗技术，深层土壤采用原位注入（高压旋喷）化学还原修复技术，地下水采取抽出处理。研究区域处于高原高寒草甸区，表层土壤 0～0.4 m 含水率为 23%，0.4～0.6 m 含水率约为 13%，0.6 m 以下含水率为 6.5%甚至更低。修复药剂配比过程中按照 0～1 m 土壤含水率为 10%、1～5 m 土壤含水率为 5%确定药剂搅拌、还原堆置过程中的土壤含水率和药剂与水的混合比例。场地污染和修复概况如表 4-2 所示。

表 4-2　某高原历史遗留铬盐厂土壤和地下水污染与修复情况简介

主要技术	0～1 m 表层土壤	1～5 m 浅层土壤	5～18 m 土壤	地下水
	异位化学还原	异位化学淋洗	原位注入化学还原	抽出处理
土壤类型	黄土状土	粉质黏土	粉砂层	—
土壤含水率/%	10	5	<5	—
土方量/m³	10 000	28 000	162 000	500 000
Cr^{6+}平均浓度/ppm	500	200	100	1 000
Cr^{6+}最大值/ppm	7 733	445.5	353.5	1 418
修复目标值/ppm	50	50	50	0.5

注：1 ppm=10^{-6}。

4.2.2.2　目标和范围

本书评估目标包括三个方面：①评估场地污染土壤和地下水全部修复达标所产生的综合环境影响；②比较不同修复技术治理单位污染土壤所产生的环境影响大小；③评估修复技术所包含的子过程环境影响贡献度，识别关键环境影响因子，开展敏感性分析，为选择最佳修复实践策略和优化技术参数提供参考。生命周期评估系统边界包括将土壤和地下水六价铬修复至目标值所包含的全部场地工程量，包括各修复阶段，以及相关设备、药剂、能源、资源的投入和运输过程，详见图 4-1。生命周期评价时间界限为 100 年。

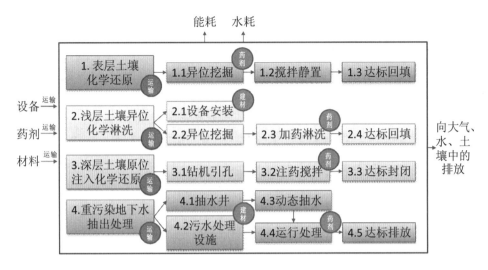

图 4-1　生命周期评估系统边界

4.2.2.3　清单分析

清单分析是开展生命周期评估最重要的环节之一，即对修复过程中的各项能量、原材料消耗量与对环境的排放进行以数据为基础的客观性量化过程。本书采用的主要清单数据见表 4-3。数据获取来源包括现场咨询、现场实测数据、资料查询、相关文献查阅、化学平衡计算等。

表 4-3　铬污染地块修复主要清单数据

名称	单位	异位化学还原	异位化学淋洗	原位注入化学还原	地下水抽出处理
修复方量	m^3	10 000	28 000	162 000	500 000
1.设备					
1.1 挖掘机	台	2	2	—	—
1.1.1 钢铁材质[a]	t	0.283	7.70	—	—
1.1.2 挖掘机运输（省内运输距离 100 km）	t·km	3 300	3 300	—	—
1.2 淋洗设备	套	—	1	—	—
1.2.1 钢铁材质	t	—	140	—	—
1.2.2 水泥（密度 3 t/m^3）	m^3	—	1 350	—	—
1.2.3 建材运输（省内运输距离 100 km）	t·km	—	419 000	—	—
1.3 XPL-50A 型锚固旋喷钻机	台	—	—	4	—
1.3.1 钢铁材质[a]	t	—	—	0.156	—
1.3.2 设备运输（跨省运输距离 2 600 km）	t·km	—	—	27 040	—
1.4 GZB-40C 型高压注浆泵	台	—	—	4	—
1.4.1 钢铁材质[a]	t	—	—	0.18	—

名称	单位	异位化学还原	异位化学淋洗	原位注入化学还原	地下水抽出处理
1.4.2 设备运输（跨省运输距离 2 600 km）	t·km	—	—	31 200	—
1.5 抽水井/注水管	口	—	—	—	12
1.5.1 PVC 管	t	—	—	9.80	0.20
1.5.2 石英砂	t	—	—	—	0.997 5
1.5.3 膨润土	t	—	—	—	0.742 2
1.5.4 混凝土（密度 3 t/m³）	m³	—	—	—	0.178
1.5.5 建材运输（省内运输距离 100 km）	t·km	—	—	980.18	247.4
1.6 污水处理厂	座	—	—	—	1.00
1.6.1 C30 水泥混凝土（密度 3 t/m³）	m³	—	—	—	2 250
1.6.2 钢筋	t	—	—	—	750
1.6.3 建材运输（省内运输距离 100 km）	t·km	—	—	—	750 000
2. 药剂材料（跨省运输距离 1 700 km）					
2.1 HDPE 膜	t	9.12	25.54	—	—
2.2 硫酸亚铁	t	1 138.20	1 593.48	—	—
2.3 多硫化钙	t	—	—	1 295.40	—
2.4 焦亚硫酸钠	t	—	—	—	790
2.5 生石灰	t	670	1 876	—	—
2.6 盐酸	t	—	1 321.60	—	570
2.7 NaOH	t	—	—	—	640
2.8 PAM	t	—	72.912	—	5
2.9 PAC	t	—	—	—	135
2.10 药剂运输	t·km	3 089 444	8 312 197.6	2 202 180	3 638 000
3. 能耗					
3.1 耗水量	t	1 000	12 444.44	4 080	(b)
3.2 耗电量（抽水+运行）	kW·h	—	466 666.67	340 000	486 666.67
3.3 油耗	MJ	3 874 848.9	831 003.13	—	41 668.87

注：（a）为钢铁材质选用 Simapro 默认数据库中的铬钢，重量=本场地设备投入时间/设备寿命×设备自重，但运输吨距离仍以整机计算；

（b）为抽出处理的地下水不作为耗水量考虑，处理达标后的地下水按照 80%回灌至下游以减少对地下水资源的损耗。

4.2.2.4　环境影响评价方法

采用瑞士联邦技术研究所于 2002 年提出的 Impact 2002+进行场地修复 LCIA 评估，计算软件采用 Simapro 8.2.3。Impact 2002+的中间影响类别、参考物质、损害类别、损害单位、标准化单位见表 4-4。该方法将西欧年人均排放数据作为四种最终损害影响类型的标准化基准数据，标准化结果对于我国污染场地环境影响具有相对比较意义，但应注意的是其标准化绝对值并不反映我国人均排放情况。

表 4-4　Impact 2002+方法中的特征化因子、参考物质及损害评价单位

中间影响类别	参考物质	损害类别	损害单位	标准化单位
健康毒性（致癌物质+非致癌物质）	排放至空气的 kg C_2H_3Cl 当量	人身健康	DALYs	
可吸入无机物	排放至空气的 kg $PM_{2.5}$ 当量	人身健康	DALYs	
辐射效应	排放至空气的 Bq ^{14}C 当量	人身健康	DALYs	
臭氧层破坏	排放至空气的 kg CFC-11 当量	人身健康	DALYs	
可吸入有机物	排放至空气的 kg C_2H_4 当量	人身健康	DALYs	point（pt）
		生态系统	n/a	
水生态毒性	排放至水体的 kg 三乙二醇当量	生态系统	$PDF \cdot m^2 \cdot a/kg$	
陆地生态毒性	排放至土壤的 kg 三乙二醇当量	生态系统	$PDF \cdot m^2 \cdot a/kg$	
陆地生态酸化	排放至空气的 kg SO_2 当量	生态系统	$PDF \cdot m^2 \cdot a/kg$	
水生态酸化	排放至空气的 kg SO_2 当量	生态系统	$PDF \cdot m^2 \cdot a/kg$	
水生态富营养化	排放至水体的 kg PO_4^{3-} 当量	生态系统	$PDF \cdot m^2 \cdot a/kg$	
土地占用	年有机耕种土地面积当量（m^2）	生态系统	$PDF \cdot m^2 \cdot a/kg$	
全球变暖	排放至空气的 kg CO_2 当量	气候变化	排放至空气的 kg CO_2 当量	
非可再生资源	MJ 或 kg 原油当量（860 kg/m^3）	资源消耗	MJ	
矿产开采	MJ 或 kg 铁矿石当量	资源消耗	MJ	

注：PDF 为物种潜在消失率；
　　DALYs 为伤残调整寿命年（Disabled Adjusted Life of Years）。

4.2.3　环境影响分析

4.2.3.1　综合环境影响分析

计算结果显示，完成场地修复所产生的环境影响单一计分总计为 5.84×10^3 pt，其中人体健康损害为 2.66×10^3 pt，占总影响的 45.63%；其次为气候变化和资源消耗损害，分别占 24.13% 和 22.96%，生态系统损害占比最小，为 7.28%，结果如图 4-2（a）所示。四种修复技术中，地下水抽出处理对于环境产生的总影响贡献度最大，为 2.14×10^3 pt；其次是浅层土壤异位化学淋洗，为 1.72×10^3 pt；深层土壤原位注入化学还原和表层土壤异位化学还原的影响分别为 1.31×10^3 pt 和 0.65×10^3 pt，如图 4-2（b）所示。

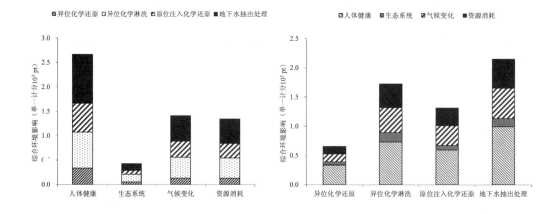

（a）四种环境影响类型的修复技术组成   （b）四种修复技术的环境影响组成

图 4-2　综合环境影响单一计分

　　四种修复技术对于不同中间环境影响类别的贡献度如图 4-3 所示。地下水抽出处理全过程产生的致癌健康风险和对资源（矿产开采）的消耗均超过了 50%（58.4% 和 51.35%），这主要是由于污染地下水抽出处理将污染介质暴露于空气中，同时现场建造临时污水处理厂、投加大量药剂所产生的资源消耗量较大。土壤异位化学淋洗和深层土壤原位注入化学还原的环境影响主要表现为生态风险，包括陆地生态毒性（淋洗占 37.94%）、水生生态毒性（化学还原占 38.13%）、土地占用（淋洗占 33.89%）、水生态酸化（化学还原占 27.84%）等，这主要是由于化学还原和淋洗后达标回填土壤中留存了大量硫酸盐和氯离子，使得土壤面临盐渍

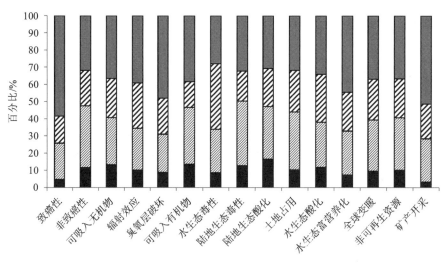

图 4-3　修复技术对于不同中间环境影响类别贡献度差异

化、土地酸化、地下水盐度升高、酸碱失衡等风险，且土壤中重金属离子活性升高等潜在生态风险增加。有研究表明，在青藏高原地区冬季降雪和强烈蒸发气候条件下，高盐度土壤会加剧冻融与盐渍的耦合作用，使得土壤性质产生明显的劣化效应。此外，大量硫酸盐残留在土壤和地下水中，会加速土壤中硫酸盐还原菌的代谢，在一定程度上加剧二次污染影响。

4.2.3.2 修复技术环境影响比较分析

在现有修复技术组合下，将场地污染土壤和地下水全部修复至目标值，由于不同技术所处理的方量不同，相互间的环境影响大小并不具有横向可比性。因此，以修复 10 000 m³ 污染土为标准单位，将异位化学还原、异位化学淋洗和原位注入化学还原三种土壤修复技术的药剂投加量、钻孔数量、耗能耗电量、交通运输等指标进行标准化，以横向比较不同修复技术的环境影响。其中，考虑到异位化学淋洗需要建设淋洗设备，因此淋洗设备建设仍按照实际情况投入。这三种土壤修复技术标准化后的环境影响比较结果如图 4-4 所示。

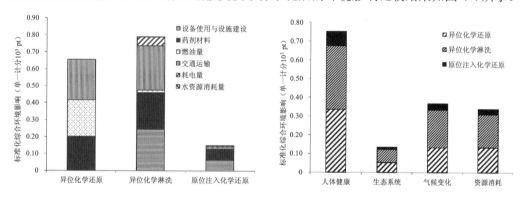

图 4-4 每修复 10 000 m³ 污染土壤三种修复技术的环境影响对比分析

图 4-4 中的两个分图分别为三种修复技术的关键子过程环境影响贡献分布情况和三种修复技术所产生的不同类型环境损害影响情况。每修复 10 000 m³ 污染土壤环境影响最大的为异位化学淋洗，总计环境影响 $0.788×10^3$ pt，原位注入化学还原的环境影响最小，单一计分为 $0.149×10^3$ pt。异位化学还原和原位注入化学还原综合环境影响分别为异位化学淋洗的 83% 和 18.9%。

4.2.3.3 修复技术关键环境影响因子识别

针对四种修复技术分别进行生命周期评估，可识别每种技术的关键环境影响过程，即每种修复技术中对环境影响贡献度最大的组成因子，从而为优化修复技术参数、选择最优修复策略提供参考依据。评估结果如图 4-5 至图 4-8 所示。

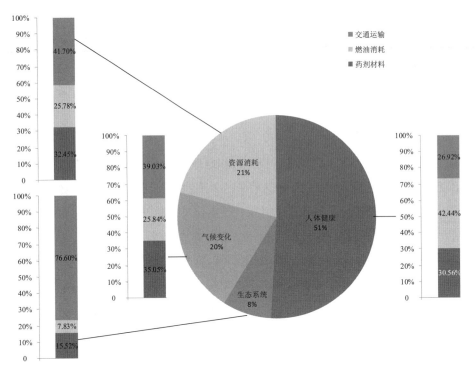

图 4-5   异位化学还原关键因子环境影响贡献度

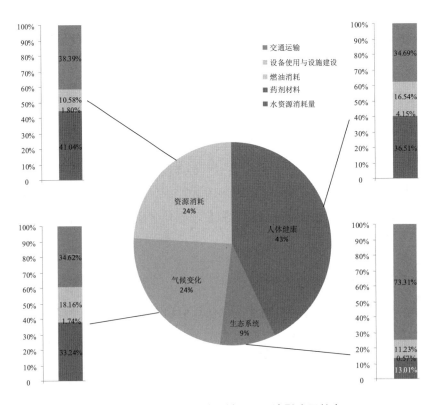

图 4-6   异位化学淋洗关键因子环境影响贡献度

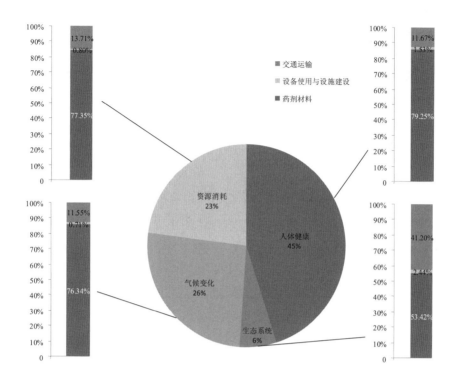

图 4-7　原位注入化学还原关键因子环境影响贡献度

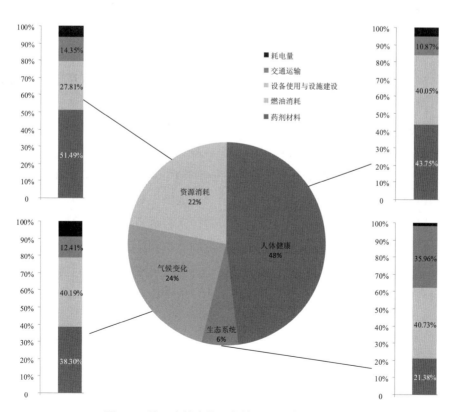

图 4-8　地下水抽出处理关键因子环境影响贡献度

结果显示，异位化学还原产生的人体健康、生态系统、气候变化和资源消耗四类环境损害类型百分比分别为 51%、8%、20% 和 21%，关键环境影响因子为交通运输、燃油消耗和药剂材料，综合环境影响贡献度分别占 36.43%、32.87% 和 30.63%。各关键环境影响因子在每类环境损害中所占百分比如图 4-5 所示。

异位化学淋洗技术产生的人体健康、生态系统、气候变化和资源消耗四类环境损害类型百分比分别为 43%、9%、24% 和 24%。对环境影响贡献最大的关键子过程为交通运输，主要为建设淋洗设备的建材和药剂运输；其次为药剂材料；再次为淋洗设备、挖掘机等机械设备使用建设。三种过程的综合影响贡献度分别为 42.69%、37.85% 和 16.43%，总贡献度达到了 96.97%。各关键环境影响过程在每类环境损害中所占百分比如图 4-6 所示。

原位注入化学还原技术产生的人体健康、生态系统、气候变化和资源消耗四类环境损害类型百分比分别为 45%、6%、26% 和 23%。对综合环境影响贡献度最大的关键子过程为药剂材料，占 83.61%，这主要是由于原位注入化学还原过程中向土壤中注入了大量的还原药剂并残留在了土壤中；其次为交通运输，占 14.08%，其中对药剂材料的运输占运输产生总环境影响的 97% 以上。各关键环境影响过程在每类环境损害中所占百分比如图 4-7 所示。

地下水抽出处理产生的人体健康、生态系统、气候变化和资源消耗四类环境损害类型百分比分别为 48%、6%、24% 和 22%。对环境影响贡献最大的关键子过程包括药剂材料、污水处理设备设施、交通运输和运行抽水耗电量。其中药剂材料的综合环境影响贡献度最大，为 42.71%；其次为污水处理设施和抽水井的综合环境影响，占 37.42%；交通运输占 13.64%；污水处理设施运行和抽水耗电量占 6.14%。各关键环境影响过程在环境损害中所占百分比如图 4-8 所示。

综上所述，各修复技术中均以药剂材料、交通运输为最主要环境影响贡献因子。这主要是由于修复过程中使用了大量的硫酸亚铁、多硫化钙、焦亚硫酸钠等还原剂，以及生石灰、盐酸等稳定化材料和 pH 调节剂，这些药剂在自身生产过程、修复投加使用过程和修复后残留均会产生二次环境影响。此外，交通运输主要由药剂的运输和建筑材料的运输两部分组成，大量药剂是从距离较远的产地山东运送至青海的，而比重较高的建筑材料运送也产生了较大的吨公里数。土壤异位化学淋洗和地下水抽出处理需要修建临时建筑设施，建筑材料和设施设备的建设与使用也导致了可观的二次环境影响。对于异位化学还原而言，采用挖掘机进行异位开挖和场内运输使得燃油消耗也成为关键环境影响过程之一。

4.2.3.4 关键环境影响因子敏感性分析

通过对关键环境影响因子的识别可以看出，药剂材料、交通运输、设备设施、燃油消耗等是影响修复工程二次环境影响的关键因子。选取运输距离、投加药剂量、建筑材料三个参数开展敏感性分析，结合场地修复现状调节三个参数指标分别开展生命周期评估，分析在修复目标可达性条件下，不同优化措施可降低二次环境影响的程度，为进一步优化修复方案、改进修复技术参数、促进绿色可持续修复提供参考。

　　情景 0 为现状基线情景。情景 1：其他条件不变，调整药剂运输距离参数，考虑将药剂运输从跨省远距离运输现状（1 700 km）调整为从距离较近的西安购买药剂（1 000 km），运输距离缩短了约 40%。情景 2：其他条件不变，调整临时建筑材料参数，考虑将淋洗设备和污水处理设施的临时建筑基座所采用的水泥地梁改为采用空心页岩砖搭建后外抹水泥，水泥用量削减约 90%，同时大幅减轻建材运输重量。情景 3：其他条件不变，调整药剂量参数，根据场地现阶段修复效果评估结果，修复后土壤中六价铬浓度远低于修复目标值且土壤内遗存大量的硫酸盐钙离子等，因此假设平均减少 10% 药剂用量也可稳定达到修复目标值。LCA 输入参数敏感性设置如表 4-5 所示，结果如图 4-9 所示。

　　缩减药剂运送距离的情景 1 相比于基线情景 0，异位化学还原、异位化学淋洗、原位注入化学还原、地下水抽出处理四种修复技术的综合环境影响分别下降 14.98%、15.31%、5.32% 和 5.38%，修复工程整体环境影响下降 9.38%。情景 2 改进淋洗和地下水抽出处理建筑材料，可以使两种修复技术的综合环境影响分别下降 1.43% 和 19.02%，修复工程整体环境影响下降 7.41%。在满足修复目标要求的前提下减少修复药剂 10% 的用量，可以分别使四种修复技术的环境影响下降 6.56%、7.08%、8.61% 和 6.33%，修复工程整体环境影响下降 7.09%。

　　由此可见，异位化学还原和异位化学淋洗对药剂运输距离的敏感性最大，这是由于这两种修复技术所消耗的药剂量最大；而地下水抽出处理的环境影响对于临时建筑材料的敏感性较大，土壤淋洗设备以钢板为主，对水泥材料的变化敏感性小；各种修复技术对修复药剂使用量的敏感性均较大，相对于药剂的相对减少量（10%），药剂减量对环境影响的削减效率在 63%～86%。

　　此外，调整运输距离参数（情景 1）的主要贡献在于对生态系统的环境影响降低了 22% 以上，分析其原因主要是缩短运输距离大幅降低了 SO_2、有机和无机颗粒物的排放，使得影响水土酸化等生态质量的中间节点指标排放量大幅减小。情景 2 和情景 3 的贡献趋于均化，影响降低比率在 4.17%～9.89%，对各类型环境指标都有减排效果。

表 4-5　不同关键环境影响过程参数敏感性分析情景

情景编号	敏感度分析指标		异位化学还原 情景0	异位化学还原 调参情景	异位化学淋洗 情景0	异位化学淋洗 调参情景	原位注入化学还原 情景0	原位注入化学还原 调参情景	地下水抽出处理 情景0	地下水抽出处理 调参情景
情景1	交通运输	药剂运送距离（t·km），由1 700 km缩短至1 000 km	3 089 444	1 817 320	8 312 197.6	4 889 528	2 202 180	1 295 400	3 638 000	2 140 000
情景2	设备建筑	淋洗设备：地泵90% 水泥/m³	—	—	1 350	135	—	—	—	—
		水泥用量改为空心页岩砖 空心砖/m³	—	—	0	1 215	—	—	—	—
		建材运输/（t·km）	—	—	419 000	176 000	—	—	—	—
		污水处理设施：90% 水泥/m³	—	—	—	—	—	—	2 250	225
		水泥用量改为空心页岩砖 空心砖/m³	—	—	—	—	—	—	0	2 025
		岩砖，相应钢筋使用量减少 钢筋/t	—	—	—	—	—	—	425	75
		建材运输/（t·km）	—	—	—	—	—	—	750 247.5	277 747.5
情景3	药剂材料	在修复目标值可达性假设下，药剂减少10%使用量 硫酸亚铁/t	1 138.2	1 024.38	1 593.48	1 434.132	—	—	—	—
		生石灰/t	670	603	1 876	1 688.4	—	—	—	—
		盐酸/t	—	—	1 321.6	1 189.44	—	—	—	—
		多硫化钙/t	—	—	—	—	1 295.4	1 165.86	—	—
		NaOH/t	—	—	—	—	—	—	640	576
		焦亚硫酸钠/t	—	—	—	—	—	—	790	711
		运输距离/（t·km）	3 089 444	2 782 050	8 312 197.6	7 373 770.4	2 202 180	1 981 962	3 638 000	3 060 000

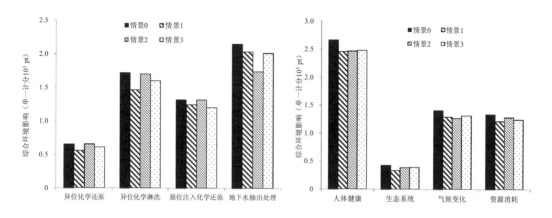

图 4-9 不同敏感性分析情景下生命周期评估结果

4.2.4 案例评估结果

①对中国西部某铬污染地块修复工程开展的生命周期评估结果显示，修复工程产生的二次环境影响单一计分总计为 $5.84×10^3$ pt，其中人体健康损害占总影响的 45.63%，生态系统损害占 7.28%，气候变化和资源消耗分别占 24.13% 和 22.96%。尽管不同修复技术对环境的影响受该技术总修复量的影响较大，但仍可以看出，深层土壤原位注入化学还原技术在修复体量远大于浅层土壤异位化学淋洗技术的同时，所产生的环境影响仍小于淋洗技术；地下水抽出处理技术的二次环境影响最大，且其中对人体健康的影响超过总影响的 46%。

②以修复同样方量污染土壤为评价单元，对异位化学还原、异位化学淋洗、原位化学还原三种修复技术进行生命周期评估，结果显示修复单位污染土环境影响最大的为异位淋洗，原位化学还原的环境影响最小。异位化学还原和原位化学还原综合环境影响分别为淋洗的 83% 和 18.9%。其中，淋洗设备建设的二次环境影响占了较大比例。

③针对四种修复技术单独进行的生命周期评估，可以识别每种修复技术的关键环境影响过程。结果显示，各个修复技术中均以交通运输（贡献度 13.64%～42.69%）和药剂材料（贡献度 30.63%～83.61%）为最主要环境影响贡献过程，其次为土壤异位化学淋洗和地下水抽出处理所需要修建的临时修复设施，建筑材料的选择对环境的二次影响颇大。

④针对交通运输、药剂材料、建筑设备三种对修复技术二次环境影响最大的子过程，结合场地实际情况进行参数敏感度分析，分别对其进行生命周期评估，结果表明，调节运输距离、药剂用量和建筑设备材料三种参数相对于情景 0 的环境影响削减率在 7.09%～9.38%，缩短运输距离削减量最大，减少药剂使用量削减量最小。其中，缩短交通运输距离对异位化学还原和淋洗、建筑材料改进对地下水抽出处理具有明显的改善效果（＞10%）。缩短交通运输距离，可以显著降低生态环境影响。

⑤针对典型铬污染场地修复工程开展全过程生命周期评估，分析了不同修复技术的环境影响类型和关键环境影响过程，并对影响最大的修复参数进行了敏感度分析。结果可为探索我国铬污染场地主要修复技术的关键环境影响因子、评估典型铬污染场地修复工程二次环境影响、促进我国铬污染地块绿色可持续修复技术最佳实践提供参考，对我国污染地块绿色可持续发展具有促进作用。然而，需要认识到，由于 LCA 方法本身和专业数据库的限制，相关过程参数可能不完全适用于我国污染场地实际情况，具有相对参考意义。此外，生命周期环境影响评估（LCIA）方法中对作为剩余物质流的场地修复后遗留在土壤中的物质缺少相关考虑，如对场地修复后由于投加大量药剂而遗留在土壤中的硫酸盐、氯离子等的生态环境影响没有开展定量评估，仅对修复过程所产生的环境影响进行了评价，在后续研究中建议将其作为最终物质流纳入到评估体系中，或采取其他适用方法进行特征性评价，以更加综合、全面地反映修复技术所产生的实际二次环境影响。

4.3　小结

本章从评估程序、评估模型、不确定性研究等方面对污染场地修复 LCA 进行论述，为我国污染地块绿色修复和可持续管理中使用 LCA 方法提供了参考。应用污染场地修复 LCA 程序和方法，针对典型铬污染场地修复工程开展全过程生命周期评估，分析了不同修复技术的环境影响类型和关键环境影响过程，并对影响最大的修复参数进行了敏感度分析。结果可为探索我国铬污染场地主要修复技术的关键环境影响因子、评估典型铬污染场地修复工程二次环境影响、促进我国铬污染场地绿色可持续修复技术实践提供参考，对中国污染场地绿色可持续发展具有促进作用。然而，由于 LCA 方法本身和专业数据库的限制，相关过程参数可能不完全适用于我国污染场地实际情况，具有相对参考意义。生命周期环境影响评估（LCIA）方法中对场地修复后遗留在土壤中的二次污染物质仍缺少相关考虑。

第 5 章　污染地块修复费用效益分析

近年来，我国土壤污染问题逐渐凸显，城市工业企业搬迁和规划再开发面临的土地安全利用问题与土壤修复需求量快速增加，如 2001—2007 年北京各主要城区共 166 家工业企业搬迁。2004 年北京宋家庄地铁工人中毒事件、2007 年江苏苏化氯碱厂停产闲置、2008 年武汉长江明珠小区再开发场地污染事件等，使我国环境管理体系在面对工业场地污染的时候明显应对不足。近年来，在场地调查、风险评估、修复技术政策等方面已有相关研究。2004 年以后，污染场地环境管理一系列相关的法规体系、技术导则等相继发布，2016 年国务院发布了《土壤污染防治行动计划》，2019 年《中华人民共和国土壤污染防治法》正式实施，三大土壤环境管理办法的落地标志着我国土壤环境保护和污染防治的法律框架基本搭建起来。目前，我国场地修复技术市场呈蓬勃发展趋势，污染修复的管理体系、技术规范、融资和责任追究机制也在逐渐完善当中，如何基于国内已有政策法规、管理制度、修复技术等基础，充分借鉴国内外修复评估和管理经验，做好污染土壤可持续风险管理是当前我国土壤环境管理面临的问题。

场地修复决策是污染地块治理修复中的重要环节。费用效益分析用于场地修复决策支持、最优修复方案筛选、修复技术和工程综合效益评价等方面在发达国家已有较多应用，我国目前尚无相关的评估程序和规范，具体实践中对于场地修复决策的筛选，主要依据可行的修复技术和资金、时间以及当地政策限制和土地使用权人/责任人的意愿等，综合系统地从社会、环境、经济效益层面考虑较少。本章采用费用效益分析方法对场地修复开展评估，对于支撑污染地块绿色可持续修复评估技术方法、完善修复决策过程、从可持续的角度评估修复综合成本效益具有重要意义。

5.1　污染地块修复 CBA 研究进展

开展一个修复项目时通常有若干可行的修复替代方案，这些方案可能在社会各个角色之间产生不同的后果。土地修复与再利用具有提高社会效益的潜力，但如何对这些效益进行综合可靠的评估则具有挑战性。目前，欧美等发达国家基于大量的调查修复项目基础，在修复决策阶段构建了修复技术筛选矩阵，该矩阵是开展场地修复决策的重要工具。例如，美国修复技术圆桌论坛（FRTR）提出了 59 种修复技术筛选矩阵，欧洲 CLARINET 等相关组织也提出了基于欧盟场地修复实际情况的修复矩阵。这些筛选工具中都包含了对修复技术成本的估计，除修复矩阵外，包括费用效益分析、多目标决策分析等方法在内的多种评价技术，也用于对修复进行筛选决策，并结合场地信息、空间数据等开发基于 GIS 的决策支持软件。

费用效益分析方法是最重要的环境经济学评价方法之一，在环境政策的制定中发挥了极其重要的作用。1985 年之前，全世界普遍使用相对便宜的铅作为汽油稳定添加剂，而 1987 年美国 EPA 的 CBA 结果表明，如果把由于使用含铅汽油导致的儿童认知能力损失考虑进来，则使用含铅汽油的成本远大于效益。1990 年美国 EPA 针对《清洁空气法》的实施开展了回顾性和预测性评估，结果表明，《清洁空气法》实施以来已经产生的效益超过了成本的 70 倍，对未来《清洁空气法》实施的预期效益甚至超过过去的效益。美国 EPA 发布的《经济分析指南》是进行环境经济政策分析的指导性文件。欧盟委员会发布了《影响评估指南》，提出环境政策评估标准框架，并对欧洲清洁空气项目（CAFE）、《哥德堡议定书》、水体改善质量项目等开展了费用效益评估。蒋洪强等（2018）对京津冀的黄标车淘汰政策开展了费用效益分析研究，结果显示，2008—2015 年京津冀地区实行黄标车淘汰补贴政策的净效益为 1 130.6 亿元，整体可行且效益大于费用。

国际上，费用效益分析方法用于污染地块修复方案评估已有较多应用，美国、加拿大、英国、荷兰等发达国家都发布了场地修复费用效益分析方法指南或规范要求等，并给出了建议的评估步骤，比如《加拿大污染场地管理导则》（加拿大）、《污染场地修复费用效益分析》（英国）、《超级基金修复方案费用效益评价模型》（美国）。目前较为常用的是社会费用效益分析（Social Cost Benefit Analysis，SCBA）和一般费用效益分析（CBA）。其中 SCBA 拓展了修复成本和效益，从全社会成本和效益范围边界的视角来核算土壤修复所有的社会成本和综合效益。

各国研究学者还采用费用效益分析法对场地修复策略制定、修复方案筛选、修复工程净效益等开展了案例研究。Goldammer 等（1999）构建了基于 CBA 的场地修复决策模型并用于场地生态功能恢复方案决策中。Kenney 等（2007）将考虑了修复后场地生态服务功能的 CBA 模型用于美国 Superfund 场地修复案例中。

随着各国对场地环境问题关注程度的升高，发达国家从区域或国家层面也对污染场地修复管理政策和修复策略开展了费用效益分析和评估工作。美国 EPA 固体废物和应急响应办公室（Office of Solid Waste and Emergency Response，OSWER）曾对美国污染地块治理修复相关项目开展过费用效益评估，包括对地下储罐（UST）项目、资源保护和恢复法案（RCRA）子法案 C 下的预防及废物减量化项目的效益、费用和影响。此外，EPA 对 1980—2004 年实施的超级基金项目也进行了综合效益评估并取得了初步结果。EPA 基于上述工作，于 2011 年发布了《土地修复与再利用成本、效益和影响手册》，成为美国污染地块修复管理政策综合效果评估的指导文件。荷兰 van Wezel 等（2008）应用 CBA 方法对荷兰全国范围内的土壤修复进行了评估，结果显示，关注非货币化效益（如生态环境）可使效益明显增加，且贴现率对费用效益分析的结果影响较大。以色列在其土壤污染修复法案批准前，对土壤修复进行了经济可行性评估，其费用效益分析结果显示费效比为 1∶14。

　　费用效益分析可以为场地决策管理提供强有力的支撑。在当前坚持绿色发展的大背景下，将费用效益分析与社会、环境、经济可持续指标综合考虑，可以在保障场地修复满足风险管理水平要求的基础上，达到场地和区域的可持续综合效益最佳。从污染场地修复管控国内外经验可以看出，对污染场地修复开展费用效益评估可以为政府决策提供参考和支撑，也是我国当前快速推进土壤污染防治和风险管控政策所面临的一项重要任务。

5.2　污染地块修复 CBA 应用情况

5.2.1　美国

　　2011 年，美国 EPA 颁布了《土地修复与再利用成本、效益和影响手册》，对 EPA 的土地修复与再利用项目进行了描述，为场地修复费用效益评估方法构建的一些通用事项提供了框架和指南。基于手册规定的框架，2015 年固体废物和应急响应办公室（OSWER）分别对地下储罐（UST）项目、资源保护和恢复法案（RCRA）子法案 C 下的预防及废物减量化项目和 1980—2004 年超级基金修复项目的效益、费用和影响进行了评估。

　　目前部分场地修复决策支持工具（DSTs）包含了费用效益评估功能。如 FIELDS、SADA 和 VSP 等软件可通过样品采集的地理分布信息以及数据质量目标（Data Quality Objective，DQO）内在决策逻辑来评估调查修复所需的样品数量和成本。FIELDS 包含了一种"修复工具"，可以采用插值数据以及用户提供的单位成本来评估场地修复活动费用。空间分析和决策支持系统（SADA）能够生成特定场地费用效益曲线来阐明给定的修复目标与相应费用之间的特定关系。这些目标可以是一个特定的浓度值、人类健康风险或生态风险水平。

5.2.2　欧洲

　　除美国外，其他国家和国际组织也已经致力于研发污染场地修复可持续评价框架和工具。例如，瑞典 EPA 开展了一项包含 50 多个可持续修复工程的费用效益评估项目。荷兰土壤修复费用大部分为环境政策支出（政府与私人费用总计 3 亿~4 亿欧元/年），2008年左右开展了国家层面场地修复费用效益分析，分别对四种不同资金供给的替代方案未来预计投资进行了评价。结果显示，关注非货币化效益（如生态环境）可使效益明显增加。较低的贴现率会使得未来效益的重要性增强。不确定性下隐藏的健康效益是整体修复效益的重要组成部分。以色列在批准土壤污染修复法案前,对所有污染工业区域的修复项目进行了经济可行性评估,费用效益分析结果显示费效比为 1∶14,但其中修复产生的直接效益仍低于成本投入。

瑞典 EPA 针对污染场地开展了一项分步式 CBA 研究。第一步,定义潜在的替代方案技术和包含成本项与效益项的目标函数。第二步,对所有识别的费用和效益项的每个因子重要性进行定性评价。第三步,利用定量货币化的方法计算每个成本和效益项的值。如果在合理的情况下没法获得货币化的值,则维持步骤二中的定性评价。第四步,将所有的成本和效益进行加和,对最终结果进行解释,判断社会总效益。第五步,开展敏感性分析。此外,瑞典也开发了基于 Excel 的 MCA 工具 SCORE,用于对修复方案可持续性进行相对透明的评估,其考虑的关键指标包括经济、环境和社会可持续性等方面,并通过模拟计算不确定性。SCORE 通过使用 CBA 对社会盈利的评估,来评价修复替代方案的经济可持续性。Soderqvist 等(2015)基于费用效益原则,对 SCORE 进行了应用。

1999 年,英国环境署公布了一份污染场地修复费用效益分析技术报告,其中详细定义了费用效益评价方法的框架和步骤,包含五个主要步骤,步骤 I 为筛选阶段;步骤 II 为定性分析;步骤III为费用效果分析(CEA)和多目标分析(MCA);步骤IV为费用效益分析(CBA);步骤 V 为敏感性分析并最终选择最优方案。报告中应用 CBA 五步法介绍了三个研究案例。

5.2.3　中国

温丽琪等(2012)对我国台湾地区 1 904 块已完成治理修复的污染地块开展费用效益分析,评估其前期调查设计、修复工程、后期监测与效果评估的整体费用,对健康风险改善效益、地下水水质改善效益、农作物恢复耕作效益和土地价格改变效益进行定量评估。考虑到对自然环境效益量化的准确性和可行性,研究未包括这部分效益。结果显示,截至 2012 年,台湾已开展的修复行动总成本为 176 亿~268 亿元,总效益为 278 亿~468 亿元,具有明显的净效益。

目前,无论是场地层面还是宏观政策层面,我国整体上尚缺少污染场地修复 CBA 的导则或实际应用,我国修复市场仍处于起步阶段,大部分修复方案以快速但成本高、能耗高的异位修复为主。大多数修复活动由政府发起和资助,通常是作为应对环境事件的一种响应,而非基于规划考虑或成本效益分析的结果。尽管学术界对投资方式、风险评估、修复目标值等问题进行了关注,但国家和地方政府以及整个市场都更注重修复的技术和结果。修复行动相关的经济和社会影响很少被注意到或者进行研究。类似的,缺少国家和省级层面的污染场地清单也限制了全国范围内开展 CBA。近年来,各地依法建立,公开并动态更新的建设用地土壤污染风险管控和修复名录在一定程度上有助于解决这一问题。学术层面开展了一些中国场地修复 CBA 的研究。张红振等(2011)探索了基于

REC 模型的污染场地修复决策支持方法，从风险削减、环境效益和修复成本三方面优化修复替代方案。姜林等（2013）使用层级化风险评估的方法评估了修复目标值和对应的成本，期望获取场地修复的成本有效性。然而，综合考虑社会成本和效益的 CBA 模型还没有建立起来。随着国家和地方政府颁布越来越多的土壤修复和再开发政策，研究和应用在场地修复中使用经济手段优化筛选成本效果最佳的修复策略在我国修复市场中越来越重要。基于此，本研究尝试弥补这一差距，并为政府提供相关政策建议。

综上，国际上费用效益分析在污染场地管理中已有部分应用，但采用费用效益分析开展我国典型污染场地风险管理与修复决策的案例并不多见，国内针对费用效益分析在环境保护中的应用很少涉及污染场地管理。因此，有必要开展在污染场地修复与管理中应用费用效益分析的技术方法研究，尤其是针对重点行业和区域污染场地修复决策在国内还是空白这一现状，构建污染场地修复费用效益分析模型并进行实证分析，提出污染场地管理综合决策支持与调控对策，对于服务我国污染场地环境风险管理决策具有重要的实践意义。

5.3　CBA 方法程序构建

CBA 在污染场地修复领域的应用，对于加强污染场地环境监督管理，规范场地修复过程，降低修复过程中的能耗和物耗，减少污染物二次排放，实现成本效益最大化，从而推广绿色修复意义重大。CBA 不仅可用于场地修复前的方案筛选、修复后净效益评估，也可结合社会、经济因素用于区域污染场地修复规划方案决策的制定。

5.3.1　CBA 框架

本研究以我国污染场地修复技术水平、法规政策和修复市场调查分析为出发点，采用专家咨询、问卷调查、情景分析等方法，结合具体污染场地案例分析，建立场地修复目标设定和修复边界确定方法，提出综合权衡场地健康风险、生态风险、资源环境损害和外部环境影响的污染场地修复方案 CBA 模型。研究通过问卷、电话和实地调研等手段，调查我国现有污染场地修复技术种类及其市场状况，获取国内成熟的污染场地修复技术、在研技术和可能引进的国外技术的使用条件、技术水平、修复成本等方面的特征信息，收集并总结我国污染场地修复技术及其发展趋势，开展场地修复方案的社会、环境和经济层面影响分析。为了构建适用于我国实际情况的场地修复 CBA 框架，总结了欧美等发达国家场地修复技术优选与评估经验，结合我国实际情况对重点关注的费用项和效益项进行了优化设计，提出框架结构如图 5-1 所示。

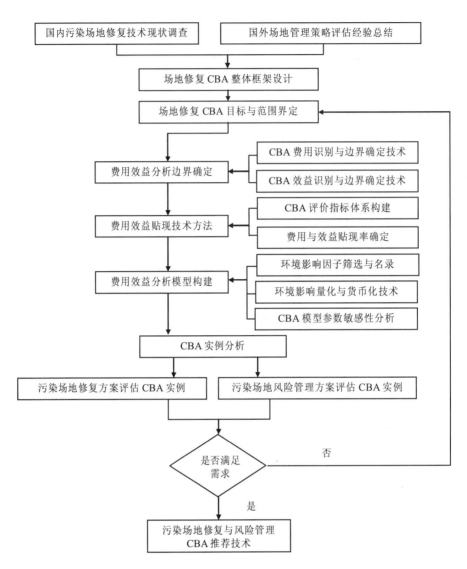

图 5-1 污染地块修复 CBA 方法构建与案例分析的技术路线

5.3.2 CBA 程序

确定 CBA 的评估目标、评估范围和时间与地理边界后，针对每个备选方案，罗列相关必要的信息和资料，尝试构建各费用项和效益项。此外，非货币化项也进行识别。随后确定各个子费用项和子效益项及其相对重要度，选用合适的贴现率对这些指标进行货币化计算或标准化。最后，分析评估结果的不确定性，对最佳方案提出一系列建议。CBA 总体评估程序如图 5-2 所示。

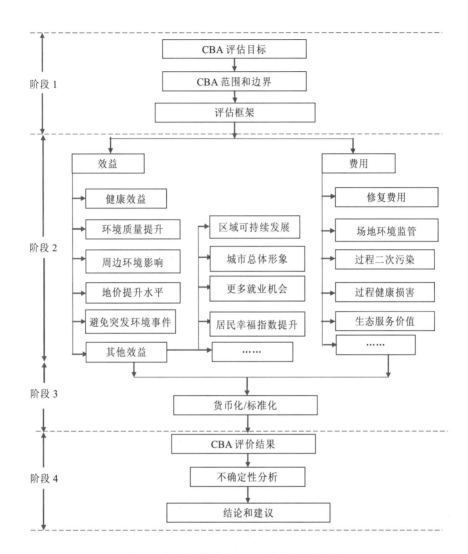

图 5-2 污染地块修复 CBA 程序和阶段划分

第一步：针对评估对象，分析备选场地修复方案的费用效益类别。

①进行备选方案的初步可行性分析，与自然资源、生态环境等部门确认是否还有其他可行的备选方案；

②收集场地修复备选方案的相关数据。

第二步：构建 CBA 评估框架，界定评估范围、边界以及关键参数的取值。依托污染地块可持续评价指标体系，初步构建费用项和效益项内容（包括各子项），并给出相对重要程度定性评估。

第三步：通过收集报告资料、问卷，以及咨询、访谈、文献查阅、系数核算等手段获取到的数据和信息，对各费用项、效益项进行计算评估。

①对于可以货币化的项，使用统计和分析数据以及调查问卷和咨询访谈所获得的信

息，将每一项成本与效益指标进行货币化，并对结果进行净现值（Net Present Value，NPV）转化。

②对于健康效益，使用伤残调整寿命年（Disability Adjusted of Life Years，DALYs）的方法进行计算分析。

③对于不能货币化的项，评估非货币化效益的重要性。对于难以货币化的指标，推荐使用打分的方法。某项因子的重要性和效果通过打分来进行综合评估，分值介于 1～5 之间，其中 5 为最高分。重要性按照"高、中、低"来划分。结果可包括在 CBA 的评价结论中，用于决策支持。

第四步：评估备选方案的综合效益，分析不确定性，给出 CBA 结果，提出结果对于决策支持的适用性。根据决策需求，确定每块污染地块的最佳解决方案，或提出该修复管控工程/方案的可持续性评价结果。

5.3.3 CBA 方法

确定费用项和效益项内容，列出各子项，明确数据获取手段和来源。结合案例信息，明确各子项在 CBA 评估中的相对重要程度。根据案例实际情况增删各项目或子项，如果某项效益或成本数额很小但持续时间跨度很长，则要纳入考虑范围。表 5-1 列出了本研究建议考虑的费用项和效益项及其子项。表 5-2 列出了各指标项在本研究中的相对重要度、不确定性和时间跨度。各项指标的重要性对于解释 CBA 的结果具有指示意义。

（1）费用项 C 的计算

费用 C 为各项费用总和，费用项现值（PV）为不同年份费用项总和贴现后的现值，如式（5-1）和式（5-2）所示。

$$PV(C_i) = \sum_{t=0}^{T} \frac{1}{(1+r_t)^t} C_t \qquad (5\text{-}1)$$

$$C_t = C1 + C2 + C3 \qquad (5\text{-}2)$$

场地修复与管理费用（C1），可以通过资料收集和问卷调查的方法直接获得，选定贴现率反算总费用的现值即可。在案例分析和问卷调查的基础上，结合国际经验研究，修复与管理费用包括实际的修复工程费用、前期准备与监督管理费用，主要有以下五个方面：

场地调查评估费用（C1.1）：包括场地调查、评估、修复方案设计费用，以及与获取行政或法律许可相关的费用。

场地修复前期准备工作（C1.2）：包括修复工程启动相关的准备费用，如设备设施建筑和场地准备工作。

场地修复施工费用（C1.3）：包括与修复施工相关的成本。

表 5-1 地块修复 CBA 的费用项（C）和效益项（B）

费用项（C）

费用项（C）	费用子项	数据来源	获取手段
C1 场地修复与管理费用	C1.1 场地调查评估费用	业主/调查单位	资料整理/问卷调研
	C1.2 场地修复前期准备工作	修复施工单位	资料整理
	C1.3 场地修复施工费用	修复施工单位	资料整理
	C1.4 场地修复监理和监管费用	环境部门/业主单位/施工单位	资料整理
	C1.5 场地修复一次污染防控费用	环境部门/业主单位/施工单位	资料整理
C2 修复施工过程的健康损害	C2.1 修复施工区及周边的环境健康危害	环境部门/施工单位/环境监理	资料整理/问卷调研/模型计算
	C2.2 修复施工区及周边的职业健康危害		
	C2.3 污染物运输导致的环境健康危害		
	C2.4 异位处置场单位导致的环境健康危害		
C3 修复施工过程的生态环境危害	C3.1 污染场地现场污染清除或处置区域生态环境质量下降	环境部门/施工单位/环境监理	资料整理/模型计算/定性评估
	C3.2 污染物运输导致的处置区域生态环境质量下降		
	C3.3 污染物异位处置单位导致的处置区域生态环境质量下降		

效益项（B）

效益项（B）	效益子项（B）	数据来源	获取手段
B1 污染场地地价提升	B1.1 场地本身地价提升	公众/国土部门/市场价格/开发商	资料整理/问卷调研
	B1.2 场地周边地价提升		
B2 带动周边经济发展	B2.1 场地周边商品或服务价格提升		
	B2.2 场地周边生产或销售成本降低		
B3 场地周边生活/工作环境改善	B3.1 减少对当地居民活动的限制与约束	公众/环境部门/开发商	
	B3.2 工作环境和基础条件的改善		
B4 环境健康风险削减	B4.1 致癌健康风险削减	环境部门/施工单位/效果评估单位	资料整理/数据分析/模型计算
	B4.2 非致癌健康风险削减		
	B4.3 儿童血铅超标风险		
	B4.4 急性健康危害削减		
B5 生态环境质量改善	B5.1 生态服务价值提升	环境部门/施工单位/效果评估单位/开发商	资料整理/数据分析/模型计算/定性评估
	B5.2 区域生态环境安全性提升		
	B5.3 景观和休闲娱乐水平提高		
B6 突发环境事件或隐患降低	B6.1 突发环境事件风险削减		
	B6.2 污染地下水或其他迁移扩散隐患削减		

注：1. 本表可以根据案例实际情况增删各项目或子项；

2. 如果某项效益或成本数额很小但持续时间跨度很长则要纳入考虑范围。

表5-2　费用项和效益项的相对重要度、不确定性和时间跨度（示例表）

费用项（C）	费用子项	相对重要度	不确定性	时间跨度
C1 场地修复与管理费用	C1.1 场地调查评估费用			
	C1.2 场地修复前期准备工作			
	C1.3 场地修复施工费用			
	C1.4 场地修复监理和监管费用			
	C1.5 场地修复二次污染防控费用			
C2 修复施工过程的健康损害	C2.1 修复场施工区及周边居民的环境健康危害			
	C2.2 修复施工区及周边的职业健康危害			
	C2.3 污染物运输导致的环境健康危害			
	C2.4 异位处置导致的环境健康危害			
C3 修复施工过程的生态环境危害	C3.1 污染场现地污染清除或处置区域生态环境质量下降			
	C3.2 污染物运输导致的处置区域生态环境质量下降			
	C3.3 污染物异位处置导致的处置区域生态环境质量下降			

效益项（B）	效益子项	相对重要度	不确定性	时间跨度
B1 污染场地地价提升	B1.1 场地本身地价提升			
	B1.2 场地周围地价提升			
B2 带动周边经济发展	B2.1 场地周边商品或服务价格提升			
	B2.2 场地周边生产或销售成本降低			
B3 场地周边生活/工作环境改善	B3.1 减少对当地居民活动的限制与约束			
	B3.2 工作环境和基础条件的改善			
B4 环境健康风险削减	B4.1 致癌健康风险削减			
	B4.2 非致癌健康风险削减			
	B4.3 儿童血铅超标风险			
	B4.4 急性健康危害削减			
B5 生态环境质量改善	B5.1 生态服务价值提升			
	B5.2 区域生态环境安全性提升			
	B5.3 景观和休闲娱乐水平提高			
B6 突发环境隐患削减	B6.1 突发环境事件风险削减			
	B6.2 污染地下水或其他迁移扩散隐患削减			

注：
1. 相对重要度以"+"表示；"++"表示重要；"+++"表示很重要；"+"表示一般；"-"表示不考虑。
2. 不确定性以"△"表示；"△△"表示不确定度中；"△△△"表示不确定度大；"△"表示不确定度小；"-"表示不考虑。
3. 时间跨度中，"d"表示持续数天；"m"表示持续数月；"y"表示持续数年；"t"表示持续数十年，作为补充参考因素。表示数据较为精确。

场地修复监理和监管费用（C1.4）：包括与修复过程监督管理以及修复后场地验收监管等相关的费用。

场地修复二次污染防控费用（C1.5）：包括防止场地修复、运输及处置过程中对其周边环境造成交叉污染所采取的防控措施费用。

修复工程施工过程的健康损害（C2），这部分健康损害的计算主要基于支付意愿法，数据从 CBA 调查问卷中获取。问卷和调查是 CBA 获取数据的重要途径。C2 主要包括：修复施工区及周边的环境健康危害（C2.1），修复施工区及周边的职业健康危害（C2.2），污染物运输导致的环境健康危害（C2.3），以及异位处置导致的环境健康危害（C2.4）。这部分健康损害的计算主要基于环境健康风险模型，折算成伤残调整寿命年后进行货币化评价。由于急性健康损害的可能性不大，因此我们仅仅计算慢性非传染疾病环境暴露后的致癌/非致癌健康风险，结合暴露人群数量进行 DALYs 计算，并结合地区统计数据进行货币化折算。

修复工程施工过程的生态环境危害（C3），需结合具体案例，针对城区场地、城郊土壤污染或矿区大面积环境污染等不同类型的环境修复或整治过程，有针对性地选择重点估算修复过程向水体、环境空气、周边土壤或地下水排放的常规污染物、特征污染物及噪声等污染。具体包括以下三个方面的自然资源等敏感受体及生态系统服务危害等：污染场地现场污染清除或处置区域生态环境质量下降（C3.1），污染物运输导致的处置区域生态环境质量下降（C3.2），污染物异位处置导致的处置区域生态环境质量下降（C3.3）。

（2）效益项 B 的计算

污染修复和土地再开发的经济效益包括：①污染场地地价提升（B1）。其中包括场地本身地价提升（B1.1）和场地周边地价提升（B1.2）。由于修复产生的房价上升可以解释为：随着时间的推移，土地产生商品和服务的生产力逐渐增强，从而该房地产市场的额外预期收益流估值也增加了。例如，新的居住区或商业区的建设。因此，B1 反映了修复前状况下，预期收益流产生的房产价格与修复后的房产价格的差距。②带动周边经济发展（B2）。包括场地周边商品或服务价格提升（B2.1）和场地周边生产或销售成本降低（B2.2）。

环境风险削减包括：①环境健康风险削减（B4）。其中考虑致癌健康风险削减（B4.1）、非致癌健康风险削减（B4.2）、儿童血铅超标风险（B4.3）和急性健康危害削减（B4.4），均采用"风险模型+损害定量+货币化评价"的方法量化评估。B4 主要通过环境健康风险模型计算后转化为 DALYs 进行货币化。由于急性健康危害发生的可能性比较低，仅计算暴露于致癌和非致癌健康风险下的慢性非传染性疾病。此外，DALYs 计算与暴露人口数量相结合，并使用人力资本法（HCA）进行货币化。②突发环境事件或隐患降低（B6）指突发环境事件风险削减（B6.1）和污染地下水或其他迁移扩散隐患削减（B6.2），采用"风险模型+支付意愿+货币化评价"的方法量化评估。

生态环境质量提升效益包括：①场地周边生活/工作环境改善（B3）。其中考虑减少对当地居民活动的限制与约束（B3.1）（支付意愿+货币化评价），工作环境和基础条件的改善（B3.2）（风险模型+支付意愿+货币化评价）。②生态环境质量改善（B5）。包括生态服务价值提升（B5.1）（生态模型+货币化计算），区域生态环境安全性提升（B5.2）（生态模型+货币化计算）与景观和休闲娱乐水平提高（B5.3）（支付意愿+货币化计算）。

所有这些效益项都是正面的外部效应，即都不是由于场地地价提升（B1）而造成的变化。其中一些效益，特别是与健康相关的效益，是由修复直接产生的。

（3）净现值（NPV）

净现值（NPV）通过下式计算：

$$NPV = \sum_{t=0}^{T} \frac{1}{(1+r_t)^t}(B_t - C_t) \tag{5-3}$$

式中，B_t=B1+B2+B3+B4+B5+B6，是在时间 t 时的效益总和；C_t 是在时间 t 时的费用总和[见式（5-2）]；r_t 是时间 t 时的社会贴现率，T 是效益和费用持续的时间尺度。

（4）非货币化项

对那些难以货币化项目的指标，建议采用直接赋值打分的方法进行评估，综合评估该因素的影响程度（赋值［1，2，3，4，5］）和重要程度（权重［高，中，低］），将结果纳入到 CBA 的评估结果中作为决策支持因素。

（5）相对重要度

结合实际案例信息，明确各子项在 CBA 评估中的相对重要程度。根据案例实际情况增删各项目或子项，如果某项效益或成本数额很小但持续时间跨度很长则要纳入考虑范围。各评估项的相对重要度以"+"表示："+++"表示很重要；"++"表示重要；"+"表示一般；"—"表示不考虑。

（6）不确定性

成本和效益的货币化总是伴随着一定程度的不确定性。缺少信息（认知的不确定性）所致的不确定结果可以避免或减少，而自然变异（偶然不确定性）却不能改变。CBA 通过费用效益专家做出的评估也包含着人类的主观因素，如数据源的选择。某种程度的主观性不可避免。

对上述各分项因子采用合适的方法进行货币化评价，保持货币化单位的一致性，选择合适的贴现率，计算货币化后的总费用和总效益，结合非货币化因子的定性评估结果表，对 CBA 评估结果进行不确定性分析。本研究提出的模型处理不确定性的方法是基于蒙特卡洛模拟，即用对数正态分布代表成本项和效益项的不确定性。模型为每一个成本项和效益项提供与现值（PV）最接近的值（MLV）；预计数值的不确定度以"Δ"表示："ΔΔΔ"表示不确定度大；"ΔΔ"表示不确定度中；"Δ"表示不确定度小；"—"表示数据较为精确。

5.4　CBA 评估案例分析

5.4.1　案例概况

　　选取我国西部某已完成修复的典型铬渣污染地块为案例开展费用效益分析。该地块位于我国西部某城市中心，场地面积 3 000 m²，与区域主要河流直线距离约 300 m，周边分布有居民住宅、学校等敏感建筑（图 5-3）。该场地历史上为铬渣堆存场，原堆存铬渣已于 2010 年前后进行铬渣解毒处置。场地区位、地层及流场示意图如图 5-4 所示。

案例场地调查之时（摄于 2014 年）

案例场地修复工程实施中（摄于 2016 年）

案例场地修复工程实施后（摄于 2018 年）

图 5-3　案例场地调查和修复各阶段的现场照片

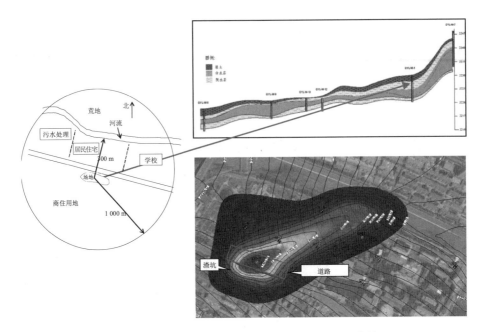

图 5-4   铬渣场地所在位置、地层及周边环境敏感点情况

场地遗留铬污染土壤约 5 万 m³，土壤中 Cr^{6+} 浓度为 300～5 000 ppm，受影响的地下水面积约 3 万 m²。地下水中 Cr^{6+} 浓度约为 200 mg/L。区域地层结构较为简单，水位埋深浅，为 1～3 m。地表有硬化层，0～1 m 为回填土层，1～4 m 为细砂土层，4～8 m 为砾石层，8 m 以下为基岩，如图 5-4 所示。该场地从 2013 年开始启动调查评估工作，2015—2016 年完成土壤治理修复工程，2015—2017 年完成污染地下水治理修复工程。根据修复方案，渣坑内浅层污染土壤进行筛分后，将大粒径砾石原地浸泡后回填，筛下的污染土壤仍与深层土壤一起采用原位化学还原稳定化方法修复，时限为 2 年；地下水采用"抽出处理+化学还原反应带"方法修复，时限为 3 年。根据城市土地利用规划，场地修复后计划建设为公园和绿化带。

5.4.2   目标和边界

对本场地修复全过程开展回顾性费用效益分析，评价目标为定量化评价场地修复整体环境、社会、经济成本效益，综合判断修复效果和可持续性，为后续土地再利用规划决策提供参考依据。根据场地污染调查结果，选择场地周边主要受影响区域作为本次 CBA 的评价范围。根据场地使用历史及修复工期情况，设定开展费用效益分析的时间边界和重要节点。2013 年开展调查等工作，2015 年开展修复工作，2017 年完成地下水和土壤修复工程。对于土地利用价值，设置评估时间边界为修复后 50 年。定量评估过程中以 2013 年作为贴现基准年。

5.4.3　评估指标

基于 CBA 方法给出的指标体系和评价内容，结合本地块铬污染特征、未来土地利用方式和场地修复工程实施情况，设计评价指标及各指标重要度和不确定性，见图 5-5 和表 5-3。

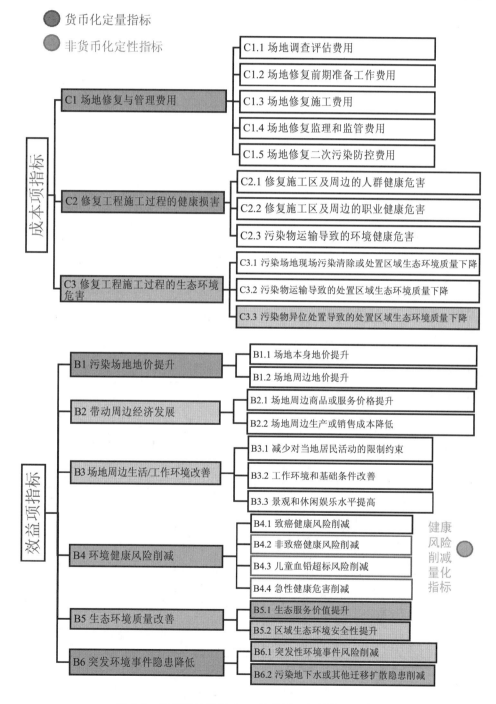

图 5-5　案例场地修复 CBA 的费用项和效益项示意图

表 5-3 案例 CBA 评价指标、重要度和不确定性汇总

费用项（C）	费用子项	相对重要度	不确定性	时间跨度	效益项（B）	效益子项	相对重要度	不确定性	时间跨度
C1 场地修复与管理费用	C1.1 场地调查评估费用	++	—	m	B1 污染场地地价提升	B1.1 场地本身地价提升	+++	△	t
	C1.2 场地修复前期准备工作费用	++	△	m		B1.2 场地周边地价提升	+++	△	t
	C1.3 场地修复施工费用	++	—	y	B2 带动周边经济发展	B2.1 场地周边商品或服务价格提升	+	△△△	t
	C1.4 场地修复监理和监管费用	++	△	y		B2.2 场地周边生产或销售成本降低	+	△△△	t
	C1.5 场地修复二次污染防控费用	++	△△	y	B3 场地周边	B3.1 减少对当地居民生活动的限制约束	+	△△△	t
C2 修复施工过程的职业健康损害	C2.1 修复施工区周边的人群健康危害	++	△△	y	生活/工作环境改善	B3.2 工作环境和基础条件改善	+	△△△	t
	C2.2 修复施工区对工人的职业健康危害	++	△△	y		B3.3 景观和休闲娱乐水平提高	++	△△	t
C3 修复工程施工过程的生态环境危害	C2.3 污染物运输导致的环境健康危害	++	△△	m	B4 环境健康风险削减	B4.1 致癌健康风险削减	+++	△	t
	C3.1 污染场地现场污染清除或处置区域生态环境质量下降	+	△△△	m		B4.2 非致癌健康风险削减	—	△	t
	C3.2 污染物运输导致的处置区域生态环境质量下降	+	△△△	m		B4.3 儿童血铅超标风险削减	—	—	t
	C3.3 污染物异位处置导致的处置区域生态环境质量下降	—	△△△	m		B4.4 急性健康危害削减	—	△	t
					B5 生态环境质量改善	B5.1 生态服务价值提升	++	△△	t
						B5.2 区域生态环境安全性提升	++	△△	t
					B6 突发环境事件隐患降低	B6.1 突发环境事件风险削减	++	△△	t
						B6.2 污染地下水或其他迁移扩散隐患削减	++	△△	t

注：1. 相对重要度以"+"表示，"++"表示重要，"+++"表示很重要；"+"表示一般；"—"表示不考虑。
2. 不确定度以"△"表示，"△△"表示不确定度中，"△△△"表示不确定度大；"△"表示不确定度小；"—"表示数据较为精确。
3. 时间跨度中，"d"表示持续数天；"m"表示持续数月；"y"表示持续数年；"t"表示持续数十年，作为重要度的补充参考因素。

5.4.3.1 费用项（C）

（1）C1 场地修复与管理费用

即直接修复成本，包括：C1.1 场地调查评估费用，C1.2 场地修复前期准备工作费用，C1.3 场地修复施工费用，C1.4 场地修复监理和监管费用，C1.5 场地修复二次污染防控费用，共计 5 项费用。这一指标可通过修复施工方案中提供的数据进行量化，是最重要的评价指标之一，具有较低的不确定性。

（2）C2 修复工程施工过程的健康损害

包括：C2.1 修复施工区周边的人群健康危害，C2.2 修复施工区对工人的职业健康危害，C2.3 污染物运输导致的环境健康危害。本场地主要反映了修复过程中由于机械设备、场内运输等造成的二次污染对工人、周边居民的健康影响，数据来源包括支付意愿调查、健康损害计算等，具有一定不确定性，是评价过程中较为重要的一项指标。本场地不含异位处置，因此不包含表 5-2 中 C2.4 异位处置导致的环境健康危害一项。

（3）C3 修复工程施工过程的生态环境危害

针对本项目城区场地环境污染修复特征，有针对性地重点选择修复过程向水体、环境空气、周边土壤或地下水排放的常规污染物、特征污染物等二次环境污染进行评估。具体包括如下 2 个方面的自然资源等敏感受体及生态系统服务危害：C3.1 污染场地现场污染清除或处置区域生态环境质量下降，C3.2 污染物运输导致的处置区域生态环境质量下降。其中，C3.2 主要指场内污染土壤的运输。由于本地块不存在异位处置，因此不需要考虑 C3.3 的影响。这一指标可采用定性、半定量或定量的评价方法，考虑选取典型污染物作为评价指标，难以全面覆盖生态环境损害，不确定性较大。

5.4.3.2 效益项（B）

（1）B1 污染场地地价提升

这是污染场地修复后土地再开发最直观的经济效益。包括：B1.1 场地本身地价提升，B1.2 场地周边地价提升。数据来源包括市场价格、问卷调查等。由于修复产生的房价上升可以解释为，随着时间的推移，土地产生商品和服务的生产力逐渐增强，从而该房地产市场的额外预期收益流估值也增加了。如新的居住区或商业区的建设。因此，B1 反映了修复前预期收益流产生的房产价格与修复后的房产价格的差距。

（2）B2 带动周边经济发展

即由于污染场地修复带来的间接经济效益。包括：B2.1 场地周边商品或服务价格提升，B2.2 场地周边生产或销售成本削减。主要由市场价格、问卷调查等方式获取。采用定性或半定量评价方法。污染地块的位置、区域消费水平等对这一指标影响较大，且难以进行准确的定量估算，因此具有较大的不确定性。

（3）B3 场地周边生活/工作环境提升

这一指标属于社会效益评价指标。包括：B3.1 减少对当地居民活动的限制约束，B3.2 工作环境和基础条件改善，B3.3 景观和休闲娱乐水平提高。通过修复后土地利用方式的改变、地块环境质量的整体提升，扩大居民活动范围，改善居民工作生活和休闲娱乐条件。可通过定性或半定量进行评估，不确定性较大。

（4）B4 环境健康风险削减

属于社会效益评价指标。是污染场地修复最大的直接效益之一。根据污染物类型的不同，可分为 B4.1 致癌健康风险削减，B4.2 非致癌健康风险削减，B4.3 儿童血铅超标风险削减，B4.4 急性健康危害削减。具体评价指标结合场地污染特征选取。数据来源于场地风险评估报告或场地污染毒性评估结果。主要通过健康风险模型计算，转化为 DALYs 后进行货币化。本地块仅考虑六价铬的致癌健康风险。

（5）B5 生态环境质量改善

包括两方面指标：B5.1 生态服务价值提升，B5.2 区域生态安全性提升。可以根据修复后土地利用方式估算区域生态环境质量改善情况。数据来源包括生态系统服务价值、问卷调查、生态补偿等。可以采用生态系统服务价值评估法进行定量分析，也可定性评估。指标具有一定的不确定性。

（6）B6 突发环境事件隐患降低

这一指标考虑区域社会稳定性。包括：B6.1 突发性环境事件风险削减，B6.2 污染地下水或其他迁移扩散隐患削减。可根据区域环境风险等级、场地所在区域地下水可能影响范围和方量进行定性或半定量评估。指标具有一定的不确定性。

5.4.4　计算过程

5.4.4.1　货币化项计算

根据数据可获得性筛选量化指标和可货币化指标，根据量化结果和单位价值进行货币化。各项指标货币化方法说明如下：

（1）C1 场地修复与管理

直接采用调查报告、修复方案等的合同、招标文件、报告方案文本中确定的价格，是修复项目直接发生的费用，应按修复工期贴现到基准时间。

①C1.1 场地调查评估费用：包括场地调查、评估与修复方案设计费用，以及与获取行政或法律许可相关的费用；

②C1.2 场地修复前期准备工作：包括修复工程启动相关的准备费用，如设备设施建筑和场地准备工作；

③C1.3 场地修复施工费用：包括与修复施工相关的成本（设备、工程、药剂、材料、

人工、检测等);

④C1.4 场地修复监理和监管费用:包括与修复过程监督管理以及修复后场地验收监管等相关的费用;

⑤C1.5 场地修复二次污染防控费用:包括防止场地修复、运输及处置过程中场地对其周边环境造成交叉污染所采取的防控措施的费用。

(2) C2 修复工程施工过程的健康损害

C2.1 和 C2.2 采用支付意愿市场调查法进行估算,C2.3 对柴油汽车运输过程中造成的尾气排放特征污染物采用瑞典 EPS(Environmental Priority Solution)环境健康影响价值量的方法进行计算,方法如下:

$$C2.1 = \sum_{t=0}^{t_c} \frac{S_n \times P_n \times 30\,\mathrm{d}}{(1+rm_t)^t} \tag{5-4}$$

$$C2.2 = \sum_{t=0}^{t_c} \frac{S_s \times P_s \times 30\,\mathrm{d}}{(1+rm_t)^t} \tag{5-5}$$

式中,S_n 为调查获得的场地修复周边人群影响补贴[元/(天·人)];P_n 为场地周边受影响人群数量(人);rm_t 为当月的贴现率(年贴现率 $r_t/12$);t_c 为修复施工期(月)。

EPS 方法为瑞典于 1991 年提出的、2000 年更新的生命周期影响评估方法,基于环境恢复支付意愿法(Willingness to Pay,WTP)确定各类环境影响指标的权重和单位环境负荷价值量(Environmental Load Unit,ELU,单位:欧元)。由于污染场地 LCA 主要目的为评估污染修复过程中产生的环境影响,因此本方法中主要采用 EPS 评估交通运输过程中产生的主要污染物的环境健康影响价值量,也可用于评估修复过程中产生的其他二次污染物的环境影响价值量。

$$\mathrm{ELU\ in\ RMB}_i = \sum_{j=1}^{n} f_i^j \times \omega_j \times \mathrm{ER} \tag{5-6}$$

$$C2.3 = \sum_{t=0}^{t_c} \frac{\sum_{i=1}^{m} (M_{\mathrm{diesel}} \times c_i \times \mathrm{ELU\ in\ RMB}_i)}{t_c \times (1+rm_t)^t} \tag{5-7}$$

式中,$\mathrm{ELU\ in\ RMB}_i$ 为以人民币为单位的单位环境负荷价值量;f_i^j 为第 i 种污染物质的第 j 类健康损害类型特征化因子(1/kg),EPS 中考虑了生命损失年(YOLL)、严重发病率、发病率、严重损害和损害 5 种类型;ω_j 为第 j 类健康损害类型权重(ELU);ER 为欧元对人民币汇率。

M_{diesel} 为运输过程中全部柴油使用量(kg);c_i 为每千克柴油产生的第 i 种污染物质的排放量(kg/kg),总计 m 种特征污染物。

计算中默认运输采用柴油卡车,柴油使用量通过需要运输的污染土方量、卡车装载量、卡车油耗、柴油密度、场内运输往返距离等参数计算得到。考虑的主要排放因子包括 CO、CO_2、NO_x、PM_{10}、$PM_{2.5}$ 和 SO_2，这 6 种排放因子在柴油车尾气中的排放组成体积比分别为 0.006%、4.5%、0.15%、0.008%、0.004% 和 0.06%。EPS 给出了上述 6 种污染物的特征化因子，见表 5-4。每千克柴油排放污染物质量参考《轻型汽车污染物排放限值及测量方法（中国第六阶段）》（GB 18352.6—2016）、《2006 年 IPCC 国家温室气体清单指南》《综合能耗计算通则》（GB/T 2589—2020）等标准指南，通过柴油有效 CO_2 排放因子（kg CO_2/TJ）、柴油车尾气排放标准等参数确定。

表 5-4　基于 EPS 方法的健康损害类型典型污染物指标特征化因子

健康损害类型	生命损失年（YOLL）	严重发病率	发病率	损害
健康损害类型权重（ELU/单位）	85 000	100 000	10 000	100
评估指标	特征化因子/kg			
CO	$2.38×10^{-6}$	$1.06×10^{-6}$	$1.96×10^{-6}$	$2.5×10^{-7}$
CO_2	$7.93×10^{-7}$	$3.53×10^{-7}$	$6.55×10^{-7}$	—
NO_x	$2.45×10^{-5}$	$2.06×10^{-6}$	$3.61×10^{-6}$	$2.41×10^{-3}$
PM_{10}	$4.24×10^{-4}$	$-2.33×10^{-6}$	$3.61×10^{-6}$	$2.28×10^{-3}$
$PM_{2.5}$	$8.48×10^{-4}$	$-4.66×10^{-6}$	$7.22×10^{-6}$	$4.56×10^{-3}$
SO_2	$3.76×10^{-5}$	$-6.58×10^{-6}$	$1.02×10^{-5}$	$6.45×10^{-3}$

（3）C3 修复工程施工过程的生态环境危害

选取典型污染物指标对修复施工产生的生态环境危害进行量化评估。其中，C3.1 选取施工现场使用柴油发电机进行高压旋喷所产生的 SO_2 和 NO_x 排放作为生态环境损害的评价指标，采用虚拟治理成本法进行货币化。C3.2 选取 SO_2、NO_x、$PM_{2.5}$ 和 PM_{10} 作为生态环境损害的评价指标，同样采用虚拟治理成本法进行货币化。具体计算公式如下：

$$C3.1 = \sum_{t=0}^{t_c} \frac{W×T×\eta×\left(\dfrac{\alpha_{SO_2}}{q_{SO_2}}+\dfrac{\alpha_{NO_x}}{q_{NO_x}}\right)×P×10^{-3}}{t_c×(1+rm_t)^t} \tag{5-8}$$

式中，W 为柴油发电机功率（kW）；T 为总工时（h）；η 为发电机油耗 [kg/（kW·h）]；α_{SO_2} 为 SO_2 排放系数（g/kg）；α_{NO_x} 为 NO_x 排放系数（g/kg）；q_{SO_2} 为《中华人民共和国环境保护税法》中规定的 SO_2 污染当量值（0.95 kg）；q_{NO_x} 为 NO_x 污染当量值（0.95 kg）；P 为《中华人民共和国环境保护税法》中的大气污染物税额（1.2～12 元/当量）。

$$C3.2 = \sum_{t=0}^{t_c} \frac{\sum_{i=1}^{m}\left(M_{diesel}×c_i×\dfrac{1}{q_i}\right)×P}{t_c×(1+rm_t)^t} \tag{5-9}$$

式中，q_i 为第 i 种污染物的污染当量值（kg）。

（4）B1 污染场地地价提升

B1 采用市场价格法。B1.1 考虑地块地价，由于修复前土地无法开发利用，因此地块地价提升直接根据"修复后不同类型土地利用方式的均价×该类型土地规划面积"计算得到；B1.2 考虑周边受影响区域地价，该区域地价提升可以采用"修复后不同类型土地利用方式的均价×该类型土地规划面积−修复前的均价×面积"计算得到，需要贴现到基准时间。B1.2 也可根据调研得到的地价提升比例计算。

（5）B4 环境健康风险削减

本研究中仅考虑六价铬的致癌健康风险（B4.1）。结合场地健康风险评估结果和伤残调整寿命年（DALYs）的方法对修复后所削减的健康风险进行量化，再采用人力资本法（HCA）进行货币化计算。

伤残调整寿命年（DALYs）是由世界银行（World Bank，WB）、世界卫生组织（World Health Organization，WHO）联合哈佛公共卫生学院进行全球疾病负担（Global Burden Diseases，GBD）研究时提出的，采用伤残调整寿命年作为量化疾病负担的指标。DALY 被定义为从疾病发病到死亡所致损失的全部健康寿命年（一个 DALY 就表示损失了一个健康寿命年），一般由早逝所致的寿命损失年（Years of Life Lost，YLL）和失能引起的寿命损失年（Years Lost Due to Disability，YLDs）两个部分组成 [式（5-10）]，综合考虑了疾病或死亡的严重程度，以及年龄、贴现率等多种因素。

$$DALYs = YLLs + YLDs \tag{5-10}$$

对于不同年龄组，YLLs 和 YLDs 均采用定积分式（5-11）计算：

$$DALYs = \int_{\alpha}^{\alpha+L} Dcxe^{-\beta x} e^{-\gamma(x-\alpha)} dx \tag{5-11}$$

式中，$cxe^{-\beta x}$ 为 Murray 方法计算的年龄权数函数公式（Murray et al.，2012）。

积分得到式（5-12）：

$$DALYs = -\frac{Dce^{-\beta x}}{(\beta+\gamma)^2}\left\{e^{-(\beta+\gamma)L}\left[1+(\beta+\gamma)(L+\alpha)\right]-\left[1+(\beta+\gamma)\alpha\right]\right\} \tag{5-12}$$

式中，D 为伤残权重（0～1，死亡取值为 1）；x 为年龄；α 为发病或死亡年龄；L 为残疾（失能）持续时间或因早逝的期望寿命损失年数；c 为年龄权重调节因子，GBD 推荐一般取值 0.162 43；γ 为社会贴现率，GBD 推荐一般取值 3%；β 为年龄权重函数的参数，GBD 推荐一般取值 0.04。

计算时，DALYs 依据标准寿命表减寿年数，按照世界上期望寿命最长的日本平均期望寿命作为参考。

根据许可和胡善联的研究，通过健康损失可估算社会经济间接损失或负担，如式（5-13）所示：

$$间接经济负担 = \sum_{\text{allages}} \text{DALYs}_{\text{age}} \times \text{Risk}_{\text{reduced}} \times \text{pop}_{\text{all}} \times \omega_{\text{age}} \times \text{GNP} \times w_p \quad (5\text{-}13)$$

式中，$\text{DALYs}_{\text{age}}$ 为特定年龄段的 DALYs；$\text{Risk}_{\text{reduced}}$ 为经健康风险计算削减的致癌风险概率；pop_{all} 为受影响人群总数；ω_{age} 为地块所在区域特定年龄段的人口比例；GNP 为该区域国内生产总值（万元）；w_p 为生产力权重，0～14 岁年龄组为 0.15，15～44 岁年龄组为 0.75，45～55 岁年龄组为 0.80，>60 岁年龄组为 0.1。

（6）B5.1 生态服务价值提升

采用生态服务价值法，对地块修复后土地利用方式带来的生态服务价值提升进行定量化计算。本地块未来土地利用方式为绿地公园，因此选取"草地—草甸"作为近似生态系统服务价值评价类型，地块面积按 3 000 m² 计。根据谢高地等（2001）的中国生态系统服务价值当量进行计算（谢高地等，2001）。其中，1 个标准生态系统生态服务价值当量因子经济价值量定义为"1 hm² 全国平均产量的农田每年自然粮食产量的经济价值"，2010 年为 3 406.50 元/hm²。

$$\text{B5.1} = \text{Area} \times \sum_{i}^{n} S_i \times Q_s \quad (5\text{-}14)$$

式中，Area 为地块面积（hm²）；S_i 为草甸类生态系统第 i 种服务价值当量；Q_s 为 1 个标准生态系统生态服务价值当量因子经济价值量（元/hm²）。

（7）B6.2 污染地下水或其他迁移扩散隐患削减

采用地下水资源费作为地块周边受影响地下水修复后污染扩散隐患衰减的定量货币化评价指标。

$$\text{B6.2} = V \times \text{Price}_{\text{gw}} \quad (5\text{-}15)$$

式中，V 为受影响地下水方量（m³）；Price_{gw} 为当地地下水水资源费（元/m³）。

5.4.4.2 净现值计算

当年的货币化结果均贴现到净现值，净现值（NPV）通过式（5-3）计算。

5.4.4.3 非货币化项计算

对那些难以货币化项目的指标，建议采用直接赋值打分的方法进行评估，综合评估该因素的影响程度（赋值 [1，2，3，4，5]）和权重（[0.1，0.9]，总和为 1），将结果纳入到 CBA 的评估结果中，作为决策支持因素。本地块作为定性评价的非货币化指标包括以下 7 项，综合评估范围在 1～5，通过影响程度打分和权重赋值计算总影响，总定性评估影响采用式（5-16）计算。最终值越高，表示定性评价效益越大。赋值依据如表 5-5 所示。

$$\text{Overall Impact} = \sum f_i^c \times w_i^c - \sum f_i^b \times w_i^b \quad (5\text{-}16)$$

表 5-5　定性评价非货币项赋值依据

序号	指标项	指标子项	赋值范围	权重	依据
1	B2 带动周边经济发展	B2.1 场地周边商品或服务价格提升	[1, 5]	0.1	通过场地修复和再开发改善区域生活居住环境，场地地价上升，相应地带动周边商业服务和消费水平上升。提升幅度越大，赋值越高
2	B2 带动周边经济发展	B2.2 场地周边生产或销售成本降低	[1, 5]	0.1	修复后土地再开发带来的交通便利、生产生活便捷、商业活动增加等，使得商业成本降低。降低幅度越大，赋值越高
3	B3 场地周边生活/工作环境改善	B3.1 减少对当地居民活动的限制约束	[1, 5]	0.1	场地修复后健康风险的降低，使得周边居民活动空间和便利性增大。限制越少，赋值越高
4		B3.2 工作环境和基础条件的改善	[1, 5]	0.2	场地修复后土地再开发使得场地及周边基础设施完善、工作生活条件改善。改善越大，赋值越高
5		B3.3 景观和休闲娱乐水平提高	[1, 5]	0.2	场地修复后土地再开发使得地块作为区域景观、娱乐休闲场所的功能增加。功能越多，赋值越高
6	B5 生态环境质量改善	B5.2 区域生态环境安全指数	[1, 5]	0.1	场地修复后生态环境和健康风险降低使得区域的生态环境安全质量提升。污染削减越彻底，赋值越高
7	B6 突发环境事件或隐患降低	B6.1 突发环境事件风险削减	[1, 5]	0.2	场地修复后生态环境和健康风险降低使得污染地下水、大气污染等突发环境事件发生的概率大幅降低。污染削减越彻底，赋值越高

5.4.4.4　不确定性分析

成本和效益的货币化总伴随着一定程度的不确定性，包括数据不足、来源偏颇等认知不确定性或随机不确定性。CBA 通过费用效益专家做出的评估也包含着人类的主观因素，如数据源的选择以及某种程度的主观性导致的结果不确定性是不可避免的。对于 CBA 结果的不确定性评价是完整的 CBA 过程不可或缺的重要组成部分。简单的不确定性评价包括定性分析，如对潜在的结果不确定性来源进行讨论，也可在评价阶段采用以下方法：①为每一个成本和效益项提供与现值（PV）最接近的值（MLV）；②预计数值的不确定度以"Δ"表示："ΔΔΔ"表示不确定度大；"ΔΔ"表示不确定度中；"Δ"表示不确定度小；"—"表示数据较为精确。目前国内外应用较多的定量不确定性评估方法有蒙特卡洛模拟，即用对数正态分布代表成本和效益项的不确定性。研究可选取潜在不确定性最大的参数和因子开展基于蒙特卡洛方法的不确定性分析，并对结果进行陈述和讨论。

5.4.5　案例评估结果

（1）分项计算结果

对相应指标关键参数取值及依据如表 5-6 所示。全部参数划分为直接费用、场地参数、计算参数、调节系数等四大类。赋值过程中对部分场地参数和直接费用给出不确定度。

表5-6　货币化定量计算各指标关键参数类型、取值、来源和依据汇总

序号	指标项	指标子项	参数类型	关键参数内容	取值	不确定度	年限	来源和依据
1	C1场地修复与管理费用	C1.1场地调查评估费用	直接费用	调查评估费用/万元	70	±5%	2013—2014	报告
2		C1.2场地修复前期准备工作费用	直接费用	场地测绘、实施方案编制等/万元	100	±5%	2014	报告
3		C1.3场地修复施工费用	直接费用	污染土壤修复费用：原位搅拌+原位注入化学还原/万元	3 000	±10%	2015—2016	施工方案
4			直接费用	污染地下水修复费用：含抽出处理设施、化学还原及反应带建设费用；污水处理运行费用；药剂费用及其他施工工程费用等/万元	2 500	±10%	2015—2017	施工方案
5		C1.4场地修复监理和监管费用	直接费用	包括检测、监理、环境管理等费用/万元	800	±5%	2013—2017	施工方案
6		C1.5场地修复二次污染防控费用	直接费用	包括现场二次污染防控，地下水长期监控等费用/万元	1 000	±10%	2015—2019	施工方案
7	C2修复工程的施工过程的健康损害	C2.1修复施工区周边的人群健康危害	场地参数	修复施工区周边人群的环境补贴[元/（人·d）]	233	±σ	2015—2017	CBA调查问卷
8			场地参数	受影响人群数量/人	100	—	2015—2017	区域调查
9		C2.2修复施工区对工人的职业健康危害	场地参数	场地修复施工区暴露人群补贴[元/（人·d）]	417	±σ	2015—2017	CBA调查问卷
10			场地参数	受影响人群数量/人	30	—	2015—2017	施工方案
11		C2.3污染物运输导致的环境健康危害	计算参数	柴油有效 CO_2 排放因子/（kg CO_2/TJ）	74 100	—	—	《2006年IPCC国家温室气体清单指南》，P1.23
12								
13			计算参数	柴油平均低位发热量/（kJ/kg柴油）	42 652	—	—	《综合能耗计算通则》（GB/T 2589—2020）
14			场地参数	场内运输污染土方量/m³	5 000	—	2015—2016	施工方案
15			场地参数	场内往返运输距离/m	500	—	2015—2016	施工方案

序号	指标项	指标子项	参数类型	关键参数内容	取值	不确定度	年限	来源和依据
16	C2修复工程施工过程的健康损害	C2.3 污染物运输导致的环境健康危害	计算参数	卡车装载量/(m³/车)	15	—	—	施工方案
17			计算参数	0#柴油价格/(元/L)	6	—	—	市场价格
18			计算参数	卡车油耗/(L/百km)	10	—	—	卡车铭牌
19			计算参数	柴油密度/(kg/L)	0.86	—	—	—
20			计算参数	基于EPS方法的健康损害类型权重和每种损害类型典型污染物指标特征化因子			表5-4	
21	C3修复工程施工过程的生态环境危害	C3.1 污染场地现场污染	计算参数	用于高压旋喷供电的柴油发电机功率/kW	200	—	—	发电机属性
22			计算参数	柴油发电机油耗/[g/(kW·h)]	200	—	—	发电机属性
23			计算参数	SO_2排放系数/(kg/t 柴油)	4.21	—	—	第一次污染源普查"火力发电行业产排污系数表"
24			计算参数	NO_x排放系数/(kg/t 柴油)	6.56	—	—	
25		C3.2 污染场地清除或处置区域生态环境质量下降	计算参数	SO_2或NO_x污染当量值/kg	0.95	—	—	《中华人民共和国环境保护税法》
26			计算参数	烟尘污染当量值/kg	2.18	—	—	
27			计算参数	大气污染物税额/元	1.2	—	—	
28			场地参数	总计工时/h	960	—	2015年6—12月	根据施工方案计算
29		C3.2 污染物运输导致区域生态环境质量下降	同C2.3和C3.2					
30	B1污染场地地价提升	B1.1 污染场地本身地价提升	场地参数	场地修复后公园绿地面积/m²	3 000	±5%	2018	施工方案
31			场地参数	场地周边1 km²范围内住宅用地面积/m²	200 000	±10%	2018	区域调查
32		B1.2 污染场地周边地价提升	场地参数	场地周边1 km²范围内商业用地面积/m²	300 000	±10%	2018	区域调查
33			场地参数	场地周边1 km²范围内工业用地面积/m²	300 000	±10%	2018	区域调查
34			场地参数	场地周边1 km²范围内公园绿地面积/m²	200 000	±10%	2018	区域调查

序号	指标项	指标子项	参数类型	关键参数内容	取值	不确定度	年限	来源和依据
35	B1 污染场地地价提升	B1.1 场地本身地价提升	计算参数	地区市政公园绿地均价/（元/m²）	8 000	—	—	市场价格
36			计算参数	地区商业用地均价/（元/m²）	12 000	—	—	市场价格
37		B1.2 场地周边地价提升	计算参数	地区住宅用地均价/（元/m²）	20 000	—	—	市场价格
38			计算参数	地区工业用地均价/（元/m²）	5 000	—	—	市场价格
39			调节系数	污染地块修复后周边还有其他未修复污染地价值提升百分比	30%	—	—	CBA 调查问卷和文献综述
40			调节系数	如果污染地块，则本地块修复后土地价值提升效果系数	60%	—	—	CBA 调查问卷和文献综述
41		B1.1 场地本身地价提升 B1.2 场地周边地价提升	调节系数	如果污染地块周边还有其他未修复污染地块，则本地块修复后周边土地价值提升效果系数	80%	—	—	CBA 调查问卷和文献综述
42			调节系数	如果未知污染地块，则污染地块修复还有其他未修复效果系数	90%	—	—	CBA 调查问卷和文献综述
43			调节系数	如果未知污染地块，则本地块修复后周边土地价值提升效果系数	90%	—	—	CBA 调查问卷和文献综述
44	B4 环境健康风险削减	B4.1 致癌健康风险削减	场地参数	污染地块致癌风险计算结果	5.29×10^{-5}	—	—	风险评估报告
45			场地参数	受影响人群数量/人	10 000	—	—	区域调查
46			计算参数	伤残权重（D）	0.8	—	—	文献综述
47			计算参数	年龄权重调节常数（K）	1	—	—	WHO-GBD
48			计算参数	年龄权重调整因子（c）	0.165 8	—	—	WHO-GBD
49			计算参数	年龄权重因子（β）	0.04	—	—	WHO-GBD
50			计算参数	人均GDP/元	41 252	—	—	WHO-GBD

序号	指标项	指标子项	参数类型	关键参数内容	取值	不确定度	年限	来源和依据
51	B5 生态环境质量改善	B5.1 生态服务价值提升	场地参数	地块面积/m²	3 000	—	—	调查报告
52			计算参数	草甸类生态系统服务价值当量总和（城市景观草地，不考虑食物生产和原料生产价值）	10.88	—	—	文献综述
53			计算参数	标准生态系统生态服务价值当量因子经济价值量/（元/hm²）	3 406.5	—	—	文献综述
54	B6 突发环境事件或隐患降低	B6.2 污染地下水或其他迁移扩散隐患削减	场地参数	地下水修复方量/m³	93 750	—	—	修复方案
55			计算参数	地区地下水水资源费/（元/m³）	0.2	—	—	《关于水资源费征收标准有关问题的通知》（发改价格（2013）29 号）
56	其他必要参数		计算参数	年贴现率	4%	—	—	—
57	其他必要参数		计算参数	月贴现率	0.33%	—	—	—

表5-7　CBA调查问卷涉及的部分健康暴露影响补贴结果统计

省市	开展场地修复工作暴露补贴/（元/d）	暴露补贴上限/（元/d）	暴露补贴下限/（元/d）	居住或者工作的环境受到污染场地修复工程的影响补贴/（元/d）	环境补贴上限/（元/d）	环境补贴下限/（元/d）	样本量
北京	254.90	431.52	104.22	131.37	251.52	47.40	51
大连	183.33	321.98	90.43	87.00	242.96	34.67	16
广东	200.00	—	—	52.50	—	—	2
贵州	400.00	—	—	200.00	—	—	2
河北	164.29	294.04	72.92	87.86	299.01	19.53	7
湖北	262.50	—	—	75.00	—	—	2
湖南	75.00	200.00	25.00	90.00	188.84	64.02	3
江苏	195.83	378.90	79.85	91.50	236.61	46.53	32
辽宁	200.00	—	—	30.00	—	—	2
青海	416.67	500.00	236.69	233.33	300.00	139.60	6
山东	200.00	378.89	88.20	216.67	257.49	169.80	6
山西	137.50	—	—	75.00	—	—	2
上海	316.67	448.37	160.37	200.00	300.00	69.23	14
天津	400.00	—	—	300.00	—	—	2
浙江	168.75	341.49	64.63	75.00	241.42	19.64	4
重庆	200.00	—	—	200.00	—	—	1
全国	156.79	—	—	257.76	—	—	152

注：1. 有效调查问卷总数152份，按照省市划分样本量，样本量小于3个不计算标准差；不确定度按±1倍标准差计，即上下限值为±1倍标准差。
2. 对于样本量过小的省市，计算时建议采用全国152份问卷调查结果的UCL95值。

年贴现率按照 4%取，所有时间跨度计算结果贴现至基准年（2013 年）。部分数据来源于
CBA 调查问卷，问卷主要针对城市污染场地，少量涉及污染农田和矿区的环境调查与治
理修复，包括污染场地管理及公众关注调查、场地修复成本和可行性调查、场地修复综
合效益调查三部分。调查问卷的目标群体包括政府管理及业务支撑部门、修复咨询机构
和修复工程公司、关注环境修复的其他群体和公众。问卷发放时间为 2016 年 6 月，通过
手机小程序和纸质问卷的形式发放，总计回收 259 份，用于统计分析的有效份数为 152
份，如图 5-6 所示。问卷所涉及的部分健康暴露影响补贴统计分析结果如表 5-7。

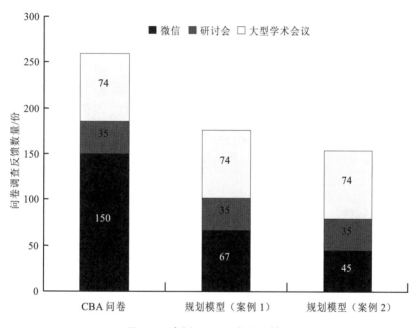

图 5-6   案例 CBA 问卷统计情况

（2）评估结果分析

基于上述参数取值和费用效益分析计算方法，得到各项货币化和非货币化指标结果，
如表 5-8 所示。修复成本项总计为 1.05 亿元左右；修复获得的效益约为 2.4 亿元，土壤
污染修复工程的净效益约为 1.35 亿元。其中案例场地修复后未来 50 年突发地表水污染
事件损失的削减最大达到了 1.88 亿元，修复工程费用为 0.7 亿元，而修复工程可能导致
的职业环境健康危害达到 0.15 亿元，施工过程的二次污染排放转化为经济损失预计可
达 0.2 亿元。

表 5-8　案例场地 CBA 结果　　　　　　　　　　　　　单位：万元

类型	指标项	计算数额	下限值	上限值
C1	场地修复和管理费用	7 015.5	6 459.3	7 704.9
C2	修复过程环境健康损害	1 428.1	854.3	1 836.7
C3	修复施工过程的环境危害	2 142.2	1 281.5	2 755.0
C	修复成本总计	10 585.7	8 595.1	12 296.5
B1	污染地块价值提升	5 292.9	4 297.6	6 148.2
B6	突发环境事件可能性削减	18 800.0	10 210.0	39 210.0
B4	健康风险削减效益计算结果	52.4	52.4	52.4
B	修复效益总计	24 145.3	14 560.0	45 410.7
	货币化净效益：B−C	13 559.6	5 964.9	33 114.2

非货币化定性评估结果如表 5-9 所示。B2.1~B3.3 主要效益体现在修复后土地利用方式的改变带动了周边经济的发展和居民生活质量水平提高，改善了周边环境效益。B5.2 和 B6.1 主要效益体现在修复后土地及周边环境和生态安全提升，健康与生态风险降低，突发大气或水污染事件的概率由于污染源的削减、清除或阻隔而大幅降低。

表 5-9　非货币化效益指标定性分析结果

非货币化评估类型（分值：1 为程度最低，5 为程度最高）		赋值	权重
生态效益的几个方面	B2.1 场地周边商品或服务价格提升	3	0.1
	B2.2 场地周边生产或销售成本降低	3	0.1
	B3.1 减少对当地居民活动的限制约束	5	0.1
	B3.2 工作环境和基础条件的改善	4	0.2
	B3.3 景观和休闲娱乐水平提高	5	0.2
	B5.2 区域生态环境安全指数	4	0.1
	B6.1 突发环境事件风险削减	3	0.2
总效益		3.9	

（3）不确定性分析

本案例中对调查问卷、支付意愿所获取的修复补偿金额、土地再开发价格增长率等若干关键参数进行了不确定性分析。同时考虑了不同的贴现率下得到的不同费用效益结果。结果表明，施工修复成本的估算不确定性相对较小，突发事件可能性削减的变化幅度较大，健康风险的削减成本不确定性较难区分。

针对个人支付意愿采用蒙特卡洛不确定性分析结果如图 5-7 所示。

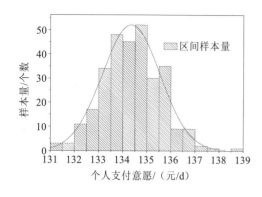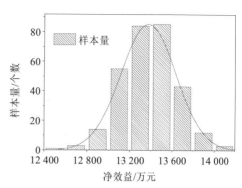

图 5-7 案例 CBA 结果的不确定性分析结果

5.5 小结

本章以我国污染场地修复技术水平、法规政策和修复市场调查分析为出发点，采用专家咨询、问卷调查、情景分析等方法，结合具体污染场地案例分析，建立场地修复目标设定和修复边界确定方法，提出综合权衡场地健康风险、生态风险、资源环境损害和外部环境影响的污染场地修复方案 CBA 模型。通过问卷、电话和实地调研等手段，调查了我国现有铬污染场地修复技术种类及其市场状况，获取国内成熟的污染场地修复技术、在研技术和可能引进的国外技术的使用条件、技术水平、修复成本等方面的特征信息，收集并总结我国污染场地修复技术及其发展趋势，开展场地修复方案的社会、环境和经济层面的影响分析。

虽然污染场地的修复与再开发面临严峻的复合挑战，但历史遗留工业用地的再开发依然具有巨大的经济、社会和环境正面效益，污染场地修复的五大经济效益包括场地环境质量提升和土地价值再生、增加的直接和间接经济价值、政府税收的增加、获得更多的就业机会、减少犯罪率等社会问题。受污染土壤和地下水的修复与再开发利用是一项系统工程，往往涉及众多相关方，历时长久，资金投入巨大，最后修复的效果不确定性大。因此，针对污染场地全过程的修复决策分析变得较为复杂和重要，各种类型的评估和决策方法及工具被用在污染场地的环境调查、风险评估、修复方案、效果评估和再开发等各个环节。费用效益分析方法被广泛用于从场地尺度、区域尺度和国家政策角度的土壤和地下水污染应对策略选择。

在本章已开展的研究基础上，下一步建议深入调研国内外场地修复与管理现状，进一步细化梳理和汇总发达国家现有的污染场地修复技术成熟度、成本价格、适用污染物类型等技术特征和参数，调研发达国家修复技术筛选决策管理模式、决策流程、公众参与及信息公开制度，总结场地修复技术优选与评估国际经验，进一步优化设计污染场地修复 CBA 框架结构。

第 6 章　区域尺度污染地块修复开发绿色可持续评估初探

我国城市经济结构正经历着从传统制造业到服务和技能密集型制造业的转变，留存了大量具有潜在污染的未利用地或废弃工业用地。包含生态环境、经济和社会效益的综合可持续场地修复与再开发是我国当前面临的重要问题。城市规划主要依赖城市经济发展要求，而不是地块污染程度和其他与污染地块有关的信息。《中华人民共和国土壤污染防治法》和"土十条"中明确指出，只有满足规划土地类型土壤环境质量要求的地块才可以流转和再开发。自然资源和规划部门在制定土地利用总体规划、城市规划或详细规划时，应当充分考虑土壤环境风险。建立区域污染地块修复可持续评估技术方法，对于支撑区域层面开展绿色可持续修复、制定基于绿色可持续的土壤治理修复规划，以及推动区域社会、经济、环境可持续绿色发展具有重要意义。

6.1　国际经验

区域污染地块修复与开发可持续评估是绿色可持续修复评估的重要阶段和组成部分。国际经验表明，在规划阶段恰当地开展地块修复与再开发方案评估，对于再开发的实施和土地安全利用具有益处。规划阶段综合考虑场地特征、修复可行性，以及潜在的社会、环境、经济效益和影响，可以有效减少后续项目过程的资金需求，缩短工程时间，提升技术成效。欧洲在包含可持续因素和规划问题的综合场地再开发决策方面已有较多研究和尝试。美国从 20 世纪 80 年代起，就尝试通过法律法规的构建来刺激城市污染场地的再开发，希望促进城市经济增长和保障城市发展的可持续性。为了支持社区开展区域范围内的场地评估、污染修复和再利用规划所必须进行的研究工作，美国国家环境保护局在 2010 年开展了棕地区域规划（BF AWP）项目。项目的关键目标是保障公共健康和环境、经济活力，并在棕地修复与再开发规划阶段考虑社区对区域发展的意见。

西方发达国家在应对土地污染和地块修复再开发的实践中已经积累了丰富的经验，构建了基于土壤污染预防的立法机制和可持续的土壤环境保护政策体系，发展了绿色可持续的土壤环境修复管理与技术评价体系，并提出了多元的保障区域土壤环境安全以及激励棕地安全再利用的社会各方协作机制。欧盟和美国也尝试将 CBA 用于地块早期再开发阶段的初步规划、修复方案比选、修复方案设计、修复工程评价和验收等环节，并应用于单个地块修复和区域尺度的政府各部门决策以及公众参与中。西方国家应对土壤污染控制和修复再开发已经发展了智能、高效、便捷、有序的棕地再生和可持续的土地安全利用制度。

欧洲棕地再开发主要由可持续的土地利用驱动，而在美国则主要是受到 CERCLA 和棕地法案的立法影响。在欧洲，Norrman 等（2016）将典型的城市再开发过程归纳为四个阶段：提议、规划、实施、维护。在德国的巨型场地修复中，"修复与场地再开发""利益相关方管理""区域地下水污染解决方案"与"土壤和地下水修复"共同被作为核心因素考虑。欧洲棕地和经济再生一致性行动网络（CABERNET）和棕地再生整体管理（HOMBRE）项目提倡一种从可持续发展的角度综合考虑社会经济影响和场地环境的整体方法，加强利益相关方的参与，确保建立城市发展过程中信息的有效交换制度。

在土地开发规划和实施阶段有多种工具和方法，包括环境影响评价、成本效益分析、多目标决策分析（MCDA）等，可从多个方面评价污染场地再开发，以识别最优的管理决策。地块再开发规划阶段的一些重要因素对成功的再开发决策可以起到向导性作用。大部分工具考虑了社会经济、环境、资金等方面，仅在可持续目标和指标的形式上有些许区别。少数工具考虑了区域范围内多个污染地块的比较分析，包括场地位置、污染情况、未来土地利用、经济因素等指标。然而，由于地块详细的环境信息获取相对有限，在实践中往往受到限制。近年来，在区域地块环境管理中，综合考虑了地块修复再开发多重因素的空间决策支持系统（SDSS）受到欢迎。

基于上述概念和决策目标的支持工具，可以将地块修复和再开发过程纳入城市规划，这些工具的评估内容主要包括风险评估、政策分析、修复优选、修复成本评估、棕地再开发一般成功因素分析、基础设施再开发、城市规划和受到资金限制的场地优选等。此外，也有部分专门针对污染地块和城市棕地区域再开发的工具。

6.2　国内需求

发达国家已经具备了完整的土壤环境信息基础和系统的基于风险的土壤环境管理体系。目前我国的土壤环境精准调查识别能力、土壤污染风险评估技术水平、污染地块清单名录、土地污染信息公开能力等都在逐步完善中，可持续风险管理决策机制和框架、高效的污染土地再利用规划协调机制尚需探索和建立。我国的土壤污染环境修复产业正处于早期快速发展阶段。当前大多数城市在"退二进三"的土地再开发规划过程中都面临大量土地污染信息不详、难以在短时间内完成所有工业场地详细调查的棘手问题。如何在有限的时间和资金支持的前提下，基于土壤污染潜在风险水平、修复技术可行性和土地再开发需求等因素做出决策判断，是摆在每一位污染地块环境管理利益相关方面前的难题。

目前我国在规划和城市污染地块修复与再开发当中面临的现实困难包括：涉及的决策相关方众多；缺少可操作的政府部门间协调机制和程序；环境监管部门难以前置到土地控制性规划决策中去；前期规划阶段关于污染地块的信息匮乏；缺少土壤污染修复的资金渠道和足够的修复时间；修复方案的决策科学依据较弱，修复过程监管不到位等。为应对上述不足和困境，生态环境部目前正在积极推动土壤污染状况调查、污染地块名录管理以及土壤污染修复与风险管理的先行示范区等工作。随着我国土壤污染修复需求的增加，建立一套保障区域尺度污染场地可持续风险管控的决策程序和方法至关重要。

当前，我国区域层面土壤环境管理迫切需要采取的措施包括：统筹协调土壤污染风险管控或治理修复与城市再开发和土地安全利用；推动土壤环境修复产业有序发展，把土壤修复产业与城市再开发的其他经济活动一并作为区域发展和社会治理的重要组成部分；建立政府部门间有效的合作机制，研究制定地块修复再开发早期规划、调查与风险评估和修复方案比选、修复方案设计和施工方案、修复工程效果评估，以及土地再利用全过程的自然资源、生态环境、城乡建设、财政等相关政府部门的信息共享和有序协作机制；加强土壤环境监管的基础能力建设，把区域土壤环境调查、地块清单构建、修复技术监管、综合决策支持平台构建以及土壤环境监管专门机构和人员建设提上日程，尽快提升区域土壤环境监管和可持续利用的基础能力；构建多元化的资金渠道，保障土壤修复和再开发的资金问题。

为达到上述区域层面地块环境管理的目标，在当前有限的资金投入、环境调查信息缺失、政府决策机制不健全的前提下，为提供较为可行和理性的土地再开发管理决策和修复方案决策程序，本研究立足于我国土壤环境修复产业发展趋势，借鉴西方国家应对土地污染修复再开发全过程的成熟做法和经验，采取实地调研、问卷调查、专家咨询、模型构建与实证等工作方法，基于定性和半定量分析方法，尝试构建符合我国国情的土地修复再开发规划评估程序和方法，并选择典型的城市再开发聚集区污染场地开展案例分析。本研究对推动我国地块修复区域管理现状、决策模式、效益分析等可提供帮助，可为支撑城市可持续发展和土地安全高效利用，确保土地再开发的社会效益和经济效益最优，推动城市绿色和可持续发展提供科技支撑和方法学基础。

6.3 评估方法

6.3.1 评估目标和对象

本研究针对区域内多个地块潜在污染和风险程度、修复技术可行性、修复综合效益等因素，对地块修复再开发进行决策支持，支持地方政府和管理部门有效判断地块所需采取的下一步措施，有针对性地开展污染地块修复或风险管控工作，对土地用途和再开发适用性及时做出评估和调整，为城市总体规划和控制性规划制定提供关键信息，避免区域社会资源浪费，防范潜在的突发环境事件，提升区域污染地块管理的社会、环境、经济综合效益，是促进区域整体土地资源可持续安全利用和风险管控的重要步骤。

本研究的目标是对可行的地块再开发情景（包括土地利用方式、土地再开发时限或次序）进行优化。评估对象包括区域内市中心繁华地带、城郊区域的治理修复和再开发。重点关注具有较高健康和环境风险或社会关注度较高的潜在污染场地。针对筛选出的重点区域或优先修复的场地，进一步收集、获取场地修复、规划等相关信息，分析设计区域内优先场地可能的修复再开发方案情景，针对不同情景，围绕社会、经济和环境影响开展定性或半定量可持续评估，比较不同修复情景下区域的可持续性，从而筛选出区域层面实现可持续综合效益最佳的修复规划组合。通常需要考虑的因素包括场地特征、修复方案和策略、土地再开发利用情况，以及修复后环境、社会、经济效益分析等。该方案可支撑有效沟通土地资源管理部门、生态环境保护部门和城市发展规划部门，建立灵活的土地资源安全利用和城市可持续发展规划体系。

6.3.2 评估程序

本研究致力于构建区域污染地块修复与再开发规划决策技术评估框架（图 6-1），该框架中阶段 I 和阶段 II 构成污染地块修复和再开发规划评估方法。区域地块修复可持续评估分为两个步骤：①区域污染地块修复优先度排序；②区域污染地块修复规划方案比选。

在阶段 I 中，通过明显的区域管理需求或地块污染严重程度，将位于区域疑似污染地块清单中的地块划分为不同修复再开发优先度等级的地块类别。对于不同种类的地块，评价步骤有所区别。

在阶段 II 中，建立了多目标定性评估矩阵用于定性评价每个地块的净效益，该评估矩阵考虑不同的指标，包括污染程度、风险受体、未来土地利用类型、修复可行性、潜在的社会效益和经济效益等。随后考虑区域管理实际情况和可行性对净效益定性评价结果进行一定调整，从而完成地块清单优先度的排序。在阶段 II，开展具体的污染地块修复再开发利用半定量的简易费用效益分析时，采取如下工作步骤：

第一步，针对评估地块或斑块对象，分析"备选的污染地块/土壤修复方案+土地再开发方案"的费用效益情况。首先进行备选方案的初步可行性分析，与规划、国土、环保等部门确认是否还有其他可行的备选方案。整理备选场地修复和土地再开发方案的详细信息。

第二步，构建评估斑块安全修复与再开发简易 CBA 的框架，界定评估范围和边界，以及关键参数的取值。初步构建费用项和效益项内容，并给出相对重要程度定性评估。

第三步，在模型构建前期，通过问卷、咨询或访谈等手段，对各费用项、效益项进行赋值或得分评估，以便在评估过程中进行半定量计算。

第四步，评估各备选方案或情景的综合效益，给出简易 CBA 结果，并分析结果的不确定性，明确评估结果的适用性和局限性，确定单个污染场地/土壤或斑块的最佳解决方案，或对区域内场地环境管理及土地再开发进行优先度排序。

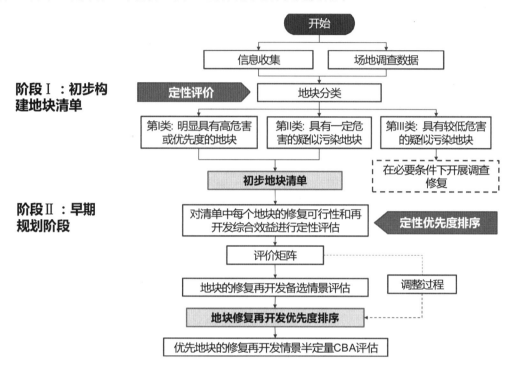

图 6-1　规划阶段污染地块修复和再开发决策支持评估程序

6.3.3　评估方法

污染地块规划再开发的过程十分复杂，决策制定过程受到多个部门的多种因素的影响，包括判别潜在污染场地，选择优先调查并有良好开发前景的场地，风险控制，涉及合适的修复技术，完善土地利用和再开发的规划方案，以及选择合适的资金投入等。自 20 世纪后半叶起，棕地修复与再开发活动在污染场地修复和城市景观设计领域中受到越来越多的关注。EPA 将棕地定义为"可能由于某种危险物质、工业废物或污染物的存在或潜在存在而使得该地所有权、扩建、再开发或再利用变得复杂的任何地块"。成功的棕地再开发对场地通常所在的位置和现有的基础设施大有裨益，有助于推动区域可持续发展。尽管棕地具有这些优势，但由于复杂的协作机制、高修复成本、投资来源欠缺、时间不确定性和污染责任不明等问题的存在，棕地再开发仍面临严峻的形势。欧美发达国家大量棕地修复后开发为不同的土地利用方式，其中大部分为公共绿地或公园。发达国家开展的棕地再开发规划中考虑的核心要素包括污染场地修复目标、修复技术可行性、再开发土地利用类型、再开发优先级和时间尺度、财政支撑模式、公众和社会关注及接受度、城市可持续发展的要求等。

然而，我国鲜有将多种修复手段结合在一起的棕地修复与再开发案例，现阶段，多数案例是针对轻微污染的工业地块开展绿色景观设计。目前我国尚未将土地利用规划、景观设计、公共或社区参与和场地修复有效地结合起来，而实际上将城市规划与场地修复相结合至关重要。合理考虑土地利用情景和城市棕地再开发排序可保障经济、环境和社会综合效益以及城市的可持续发展。

（1）定性评价方法

SuRF-UK 提出的层次化评估框架中，对层次 1 的定性评价方法给出了具体操作步骤和定性评价矩阵示例。定性评价方法通常以简单的评价矩阵（如高、中、低）或打分排序（如 1～5 排序）进行，给出的结果一目了然，易于决策者参考。定性评价方法可在很大程度上节约决策者和评价者的投入成本，筛选掉明显不符合需求的方案。SuRF-UK 给出的定性评价结果示例如图 6-2 所示。

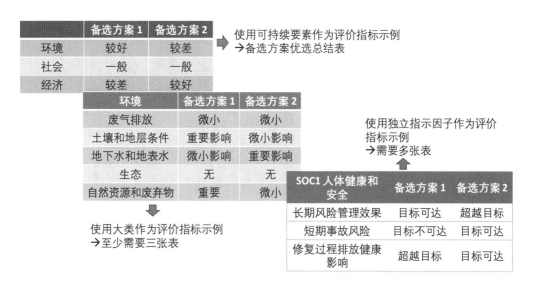

图 6-2 定性评价矩阵示例（TBL 指标、一级指标、二级指标）

本研究中，定性评价矩阵主要用于图 6-1 的阶段 I。定性评价工作程序包括准备阶段、评价阶段、报告阶段三个部分。对于评价矩阵中给出的定性评估结果也要有充足的支撑依据，并应在备注或报告中予以充分说明。定性评价过程中，如有的指标可以收集到量化的数据，也应根据这些量化数据给出评价结果。最终可以颜色矩阵或简单排序配以说明文字形成成果报告，提交给决策者。

（2）半定量评价方法

半定量的费用效益分析（CBA）方法通过比较某一项目或方案的直接和间接社会成本与资源投入，以及产生的直接和间接的社会、经济、环境效益，分析该项目或方案对国民经济的净贡献值。作为污染地块修复管理中较为常见的评估方法，CBA 可以将污染地块修复方案的评估结果量化，最大限度地减少评估过程中存在的主观成分。CBA 过程一般包括对场地修复分类识别、量化成本和效益，修复工程中二次污染环境危害和风险导致的成本增加，修复工程的投入和获得效益的定量化计算，以及结果分析四个基本步骤。

参考半定量可持续评价中需考虑的相关社会、经济、环境要素，尝试构建区域多个地块半定量可持续评价三维指标体系概念，如图 6-3 所示。

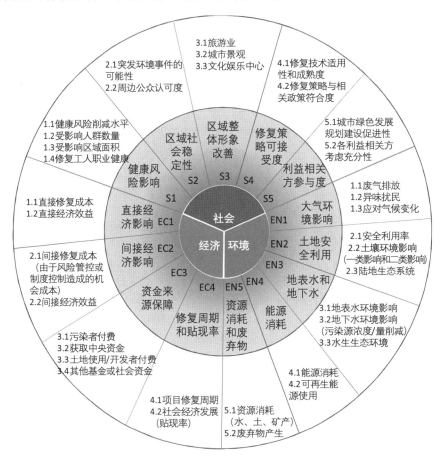

图 6-3　可持续评估社会—经济—环境三要素指标因子概念示意图

6.3.3.1　评估模型框架

采用定性评估矩阵方法对区域污染地块开展简化的二维可持续评价，建立如图 6-4 所示的九宫格评估矩阵，横坐标为土地再开发的综合效益，纵坐标为污染场地损害与修复可行性。依据这两个属性指标对每个地块进行定性评估，最终得分绘制为图 6-4 中的星号，从右上至左下的 9 个方块中，表示场地修复和再开发的优先级，右上角方块优先级最高，左下角方块优先级最低。

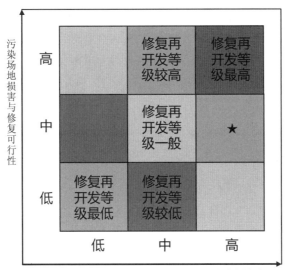

图 6-4　九宫格半定量评估矩阵（Smith & Kerrison，2013）

模型数据基础主要包括四类数据：第一类为城市工矿活动历史以及由此造成的潜在污染地块名录、类型和分布信息；第二类为城市已有的场地调查、风险评估、修复方案、修复工程等资料信息；第三类为城市及所在区域已有的土地再开发、污染场地修复等相关领域的管理、政策和技术文件；第四类为城市已有的开发建设规划指导思想或蓝图，尤其是污染地块点位或聚集区域的潜在规划用地方式。基于上述信息，提出潜在污染地块斑块图或清单名录以及土地再开发情景，明确规划模型关注的重点对象、区域和类型。

定性评估模型的两类二维指标详述如下。

1. 损害与修复可行性定性评估指标

将阶段 I 中的第一类和第二类场地作为评估对象，综合考虑损害程度、修复技术可行性和资金来源等核心因素，构建定性多目标决策分析矩阵用于污染场地优先度排序评估。定性评估指标如下所述：

（1）场地污染的危害程度

①污染场地关注污染物的毒性（优先控制化学品名录）和持久度；

②污染场地关注污染程度（超过筛选值的倍数）和范围（是否大于 1 000 m²）；

③污染场地周边是否有敏感环境受体（地表水、农田、生态保护区）或迁移影响地下水；

④污染场地的区域内或周边人口密度（是否有幼儿园、小学、老人聚集区等）。

（2）场地污染的修复技术可行性

①场地污染修复的技术、装备和实施可行性以及成熟度；

②场地污染修复的管理复杂度和二次污染（或突发事件）风险等级；

③场地污染修复的目标或效果实现的综合环境效益（高、中、低）；

④场地污染修复过程和结果的公众/管理部门接受度；

⑤场地污染修复所需的时间跨度（数月、数年、数十年）。

（3）场地污染修复资金的来源途径

①场地污染修复的资金来源保障度（高、中、低）；

②场地污染修复的资金需求量相对地方经济水平比较（大、中、小）；

③场地污染修复的中央资金支持对口程度（高、中、低）；

④场地污染修复相对于土地价值的比较（大、中、小）。

2．再开发综合效益评估指标

以污染场地点位、城市再开发规划或实施斑块为单一评价对象，考虑最核心的因子（污染场地修复的正面健康和环境效益、污染场地再开发的直接和间接经济效益、污染场地再开发对城市可持续发展的综合效益），采用定性（高、中、低）方法对污染场地再开发情景和开发时序进行排序。

（1）污染场地修复的健康和环境效益

①污染场地修复的环境健康效益（受益人群数量、风险削减水平）；

②污染场地修复的环境安全效益（防控突发环境事件、保障地表水质安全、降低污染地下水风险）；

③污染场地修复的生态环境效益（有效改善场地内及周边生态环境面貌或周边居民的休闲娱乐）。

（2）污染场地再开发的直接和间接经济效益

①污染场地修复后，场地本身地价的提升水平；

②污染场地修复后，场地周边地价的提升水平；

③污染场地修复后，城市或场地所在区域经济实力的提升。

（3）污染场地再开发对城市可持续发展的综合效益

①污染场地修复后，城市或场地所在区域整体竞争力的提升；

②污染场地修复后，城市或场地所在区域科技实力的提升；

③污染场地修复后，城市或场地所在区域社会文化水平的提升；

④污染场地修复后，城市或场地所在区域教育实力的提升；

⑤污染场地修复后，城市或场地所在区域旅游吸引力的提升。

6.3.3.2　再开发综合定性评价矩阵

基于本地土地再开发和场地修复规划，评价区可划分为若干子区域。每个子区域通过规划模型矩阵（九宫格）进行评估，该矩阵包含两大类指标：污染场地损害与修复可行性和土地再开发的综合效益。作为评估结果，子区域的每个地块或初步清单中的地块都落在九宫格的其中一个色块内。其中，如图 6-4 所示的九宫格内。

①右上角深色格子（高-高）代表最高再开发等级；

②右上侧较深色格子（高-中；中-高）代表高再开发等级；

③中斜线浅色格子（高-低；中-中；低-高）代表中再开发等级；

④左下侧深色格子（中-低；低-中）代表低再开发可行性；

⑤左下角浅色格子（低-低）代表无再开发潜力。

矩阵评估结果可进一步依据一些外部因素进行调整，如政治偏好、资金支持、公共关注等。

6.3.4　数据获取

为便于研究工作的开展，相关资料获取分三个阶段进行，分别为：

①初步资料获取阶段，主要以获取基础信息和已有场地相关信息为主；

②详细信息获取阶段，主要以获取棕地再开发模型和场地修复费用效益分析所需关键参数、评估所需的大宗数据基础和降低过程中不确定性因素为主；

③补充资料获取阶段，以关键数据核实和补充必要信息为主。

其中第一阶段以列出资料清单、试点城市的需求信息资料收集为主要手段，第二阶段以问卷调查、座谈走访、实地勘察为主要手段，第三阶段以补充数据收集、定向咨询和针对性的电话沟通为主要手段。

6.3.4.1　初步资料获取

初步资料需求分析和收集整理，主要包括：

①土地利用动态变化信息：收集试点城市建设用地、农用地、工矿用地开发规划，尤其是涉及潜在污染场地区域的土地利用历史、现状和未来用地方式的规划信息；

②试点城市已开展的场地调查评估和修复资料：包括区域污染场地环境管理相关资料、典型污染场地环境调查、风险评估和控制修复的设计方案、修复工程实施验收资料等；

③试点城市人口密度、区域水文地质、气象信息和关键环境敏感目标分析等。

主要采用资料清单列表、分类向不同的政府部门或研究机构收集已有资料或数据的方法。初步掌握并总结试点城市在工业发展、人口密度、城市规划等方面的背景情况，大致描绘污染场地的潜在数量、类型以及已经开展的场地管理和修复工作基础，针对土地利用、场地修复、其他信息等分类列出资料需求清单，与地方生态环境部门一起到环保、国土、规划、工信、交通、市政等部门收集资料，见表 6-1。

表 6-1 区域污染地块及环境管理基础信息收集

资料类型	资料/数据名称	获取方式	资料来源
城市发展/土地利用	土地利用历史、现状和规划信息	资料需求清单和信息收集	自然资源部门
	城市工业行业发展及其他潜在生产性污染场地来源数据	资料需求清单和信息收集	工信部门/环境部门
	城市固体废物、垃圾填埋、加油站等点位和分布信息	资料需求清单和信息收集	环境部门/市政部门
污染场地环境管理与修复	地方污染场地管理文件、技术导则、筛选值等政策、规范和标准信息	资料需求清单和信息收集	环境部门
	已有的污染场地数量、类型、分布和调查评估、治理修复相关资料	资料需求清单和信息收集	环境部门/自然资源部门
	污染农田、矿山、河流等土地环境基础信息，已开展的调查评估和治理修复信息	资料需求清单和信息收集	环境部门/自然资源部门/农业农村部门
其他基础信息	区域水文地质和城市居住、工业、商业的用地基建相关信息	资料查找和整理	自然资源部门/城建部门
	区域人口密度、迁移和大致生活习惯信息	资料查找和整理	统计部门
	污染场地聚集区周边城市敏感环境受体及区域分布信息	资料查找和整理	自然资源部门/环境部门

6.3.4.2 详细信息获取

结合场地再开发规划评估和场地修复半定量费用效益分析的数据需求，设计问卷调查表，开展详细的信息和数据获取工作，见表 6-2。

表 6-2 区域污染地块修复与再开发问卷调查基础信息

调查领域	调查内容	是否量化	调查对象
地块修复再开发方案	政府修复再开发的土地利用类型意向和变更可能性	否	政府部门
	公众对棕地再开发关注的重点内容和一般接受度	否	公众
	政府棕地再开发的时序和时间要求	区间定量	政府
场地修复成本和可行性	场地再开发的修复技术可行度	否	咨询/修复公司
	场地调查修复的资金投入额度和来源渠道	是	咨询/修复公司
	场地调查修复和再开发的时限要求	是	咨询/修复公司
	场地修复和再开发的二次环境影响	否	咨询/修复公司

调查领域	调查内容	是否量化	调查对象
场地修复效益	环境健康效益调查	是	公众
	地价提升效益调查	是	公众
	二次生态环境危害风险降低	否	咨询/修复公司
	其他综合社会效益	否	公众
场地环境管理成本	资金投入计划和周期	是	政府部门
	场地整治的时限要求和优先次序	否	政府部门
	场地治理修复目标对应的可接受风险水平	否	政府部门

（1）地块修复再开发方案

针对政府部门的城市再开发和潜在土地利用情景、污染地块再开发时限和可能的土地利用类型可接受度进行意向调查和评估。

（2）场地修复成本和可行性调查

针对修复工程公司、专业咨询机构的场地调查评估和治理修复再开发全过程费用估算、技术可行度、二次环境影响、资金来源渠道和修复的时限要求等进行调整。

（3）地块修复效益评估

①场地修复环境健康效益调查表，分污染因子分别进行致癌健康损害接受度调查、非致癌健康损害接受度调查、儿童血铅浓度升高危害接受度调查；

②场地修复地价提升效益调查表，分中、重度核心污染区块地价提升接受意愿调查，轻度污染区块修复后地价提升接受意愿调查，场地周边区域地价提升接受意愿调查；

③污染场地二次生态环境危害风险降低效益调查，包括地表水水质安全度提升支付意愿、地下水环境保护安全提升支付意愿、场地生态环境质量提升支付意愿；

④其他综合社会效益调查，包括场地修复后城市整体形象提升、城市协调有序发展潜力提升、城市可持续发展指数提升等。

（4）场地环境管理成本可接受度调查

包括管理部门的场地调查和修复的资金投入计划和周期调查、场地整治的时限要求和优先次序调查、场地治理修复目标对应的可接受风险水平等。

6.3.4.3　补充资料获取

结合规划模型计算和费用效益分析的需求，有针对性地对某个局部问题进行电话咨询或单独走访、问卷调查，以保障数据的完整性，降低评估结果的不确定性。对试点城市的潜在污染场地数量、类型、治理费用，以及修复时限估计的不确定性进行进一步分析，针对难以货币化的社会综合效益与其他货币化效益的权重开展专家评判，见表 6-3。

表 6-3   补充资料获取

阶段	关注对象	涉及内容	是否量化	调查对象
补充资料获取阶段	货币化/归一化分析	综合社会效益与货币化后效益的对比和权重分析	是	行业专家

6.4   案例分析

6.4.1   案例背景

以我国西南地区某面积约为 262 hm² 的城市中三块典型污染地块作为研究案例。所有的地块均位于主要河流附近。基于场地调查信息，场地所面临的关键问题是土壤污染而非地下水污染（图 6-5）。

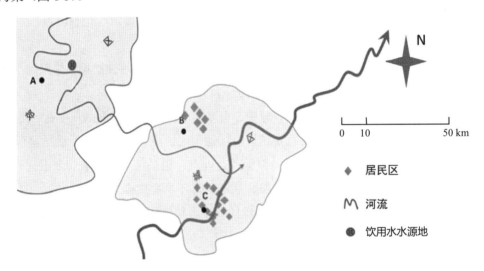

图 6-5   场地 A、B、C 的地理分布

场地 A：原为某大型铬盐生产企业所在地，靠近某大型河流的重要支流，目前厂区内建有铬污染地表水收集处理装置，年处理铬污染水 12 万 m³，其下游 15 km 为集中式饮用水水源地。

场地 B：原为一大规模的氯碱生产企业，土壤受多种有机物污染，其厂区位置距离城市中心地带约 4 km。

场地 C：为大型钢铁冶炼企业遗址，占地面积巨大，受重金属和有机物复合污染，地处城市主城区，为都市经济圈的重要组成部分。

三个场地的污染状况信息、可行修复技术和风险受体信息详见表 6-4。

表 6-4　三个场地的污染状况信息、可行修复技术和风险受体信息

<table>
<tr><th colspan="6">三个场地的污染状况信息</th></tr>
<tr><td>地块名称</td><td>目前状态</td><td>占地面积/万 m^2</td><td>污染物种类</td><td>治理污染土壤面积/万 m^2</td><td>污染物土壤方量/m^3</td></tr>
<tr><td>A</td><td>郊区废弃工业用地</td><td>32</td><td>Cr^{6+}</td><td>30</td><td>3 000 000</td></tr>
<tr><td>B</td><td>城区废弃工业用地</td><td>30</td><td>氯代烃类、BTEX</td><td>3</td><td>30 000</td></tr>
<tr><td rowspan="2">C</td><td rowspan="2">城中心废弃工业用地</td><td rowspan="2">200</td><td rowspan="2">PAHs、As、Ni、Pb、TPHs 等</td><td>80</td><td>受 PAHs 污染方量 500 000</td></tr>
<tr><td>200</td><td>As、Ni、Pb、TPHs 等污染方量 2 000 000</td></tr>
</table>

<table>
<tr><th colspan="7">三个场地的可行修复技术</th></tr>
<tr><td>地块名称</td><td colspan="2">可行修复技术</td><td>修复技术成熟度</td><td>预期修复年限/年</td><td>预期修复成本/亿元</td><td>资金保障度</td></tr>
<tr><td>A</td><td colspan="2">化学还原稳定化、原位注入、抽出处理</td><td>高</td><td>5～6</td><td>5～8</td><td>中等偏低</td></tr>
<tr><td>B</td><td colspan="2">水泥窑协同处置</td><td>较高</td><td>3～5</td><td>1.6～2</td><td>中等</td></tr>
<tr><td rowspan="2">C</td><td>PAHs 污染土</td><td>水泥窑协同处置</td><td rowspan="2">中</td><td rowspan="2">10</td><td rowspan="2">9～12</td><td rowspan="2">较高</td></tr>
<tr><td>As、Ni、Pb、TPHs 污染土</td><td>化学还原稳定化、水泥窑协同处置</td></tr>
</table>

<table>
<tr><th colspan="4">三个场地的风险受体信息</th></tr>
<tr><td>地块名称</td><td>影响人群数/人</td><td>对地下水/地表水水质影响</td><td>突发环境事件风险等级</td></tr>
<tr><td>A</td><td>＜200</td><td>高</td><td>高</td></tr>
<tr><td>B</td><td>＜1 500</td><td>中</td><td>较高</td></tr>
<tr><td>C</td><td>＜20 000</td><td>中</td><td>较高</td></tr>
</table>

6.4.2　区域地块修复优先度初步排序

采用定性评价矩阵的方法对区域多个场地的修复再开发优先度进行初步排序。

6.4.2.1　指标确定

对照评估指标中的具体内容，选取与“场地危害和修复可行性”“综合效益评估”两类定性矩阵评价内容相关的指标项，如图 6-6 所示。

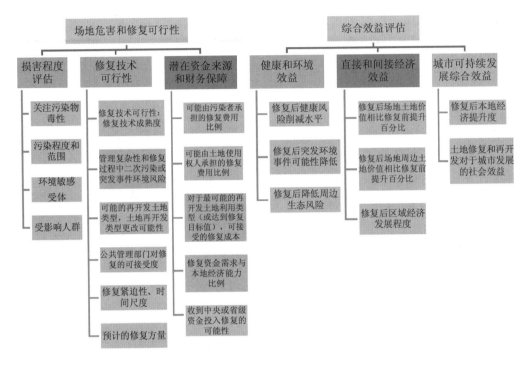

图 6-6   区域地块修复优先度排序指标

6.4.2.2   分项评估结果

①基于确定的指标进行数据收集整理。为更好地了解该城市的场地情况，获得针对该场地的修复策略预期，研究组设计了基于本规划方法案例的调查问卷，发放给国内土壤修复领域专家、从业者、管理者或地方官员等对象，以获取进一步的专业信息。总计发放问卷 400 余份。

②根据本区域三块场地的特征，将"场地危害和修复可行性"指标分解简化为"场地风险受体"和"修复方案"，其中"场地风险受体"包括"人体健康""下游地表水水质安全""地下水水质安全""生态风险"，"修复方案"包括"可行修复技术""修复成本""修复时间"。将"综合效益评估"指标简化为"未来土地利用类型"，包括"居住用地""商业用地""工业用地""农牧草地""废弃地"。对简化后的指标进行定性评估。

③根据定性评估结果将三块场地进行初步分类，将结果展示在九宫格评价矩阵中。

6.4.2.3   优先度评估结果

根据表 6-5 中相关数据的定性评价结果，将场地 C（大型钢铁冶炼企业遗址）归类为第 1 类场地，即该场地对于国家或地区的发展战略要求非常重要，并且对人类健康具有很高的危害性。另外两个场地被归类为第 2 类场地，其中场地 A（某大型铬盐生产企业）

的修复可行性等级高于场地 B（大规模的氯碱生产企业遗址），但是修复后收益略低，场地 A 的修复优先度最低，侧重于以风险管控为主，具体评估结果如图 6-7 所示。

表 6-5　指标表和规划模型构建数据源

类型	指标	子指标		信息来源	评价内容或方法
		编号	内容		
F 危害与修复方案可行性	F1 危害评估	F1.1	关注污染物毒性和持久性	场地报告	使用报告中的描述。如果没有，则参考 USEPA IRIS 数据库、美国国家环境保护局第 3、6、9 区分局"区域筛选值（Regional Screening Levles）总表"污染物毒性数据
		F1.2	污染程度和范围	场地报告	浓度/面积/方量
		F1.3	环境敏感性受体	场地报告	地表水、农田、生态保护区、饮用水水源地等是否受到影响
		F1.4	受影响人群	场地报告	受影响人群数量
	F2 修复技术可行性	F2.1	可行的修复技术	场地报告、调查问卷	参考实际案例
		F2.2	修复技术成熟度	场地报告、调查问卷	使用报告中的修复技术筛选矩阵。如果没有，参考《工业企业污染场地调查与修复管理技术指南（试行）》（环办函〔2014〕137 号）或美国 FRTR 修复技术筛选矩阵
		F2.3	修复过程中的二次污染（或事故）风险管控要求	调查问卷	调查问卷
		F2.4	再开发土地利用类型变化的可能性	城市规划	城市规划中的各土地利用类型能否进行调整
		F2.5	公众/管理部门对修复活动的可接受程度（可接受费用）	调查问卷	预期的修复费用越低，接受的可能性越大
		F2.6	修复时间的跨度	场地报告	修复所花费的时间
			修复的紧迫性	调查问卷	—
		F2.7	预计的土壤修复方量（m³）	场地报告	修复方量越小，得分越高
	F3 潜在资金来源与保障	F3.1	污染者可能支付的整个修复费用所占的比例	城市修复和再开发相关政策	得分的比例可以根据实际情况调整
			土地使用者可能支付的全部修复费用所占的比例		
		F3.2	对于场地最可能的土地开发利用类型（或者修复最重要的目的），接受资助要求的可能性	调查问卷	预期的资助要求越低，越可能被接受
		F3.3	获得中央或地方修复资金拨款的可能性	环境部门	是否包括在重金属污染防控规划、土壤和地下水污染治理规划及项目储备库中。修复时间越长，接受长期财政支持的可能性越低

类型	指标	子指标		信息来源	评价内容或方法
		编号	内容		
E 综合效益评估	E1 健康和环境效益	E1.1	修复后健康风险削减水平	调查问卷	—
		E1.2	降低修复后突发环境事件的可能性	调查问卷	—
		E1.3	降低修复后周边生态环境的风险	调查问卷	—
	E2 直接和间接经济效益	E2.1	与修复前场地的土地价值相比,修复后场地的土地价值增加比例是 45%	调查问卷	根据 CBA 调查问卷获得信息计算,可进行地域筛选,可根据每个地块的土地利用方式进行调整
		E2.2	与修复前相比,修复后场地周边的土地价值增加比例是 25%	调查问卷	
	E3 城市可持续发展综合效益	E3.1	场地修复引起的当地经济的增长	调查问卷	—
		E3.2	修复和场地再开发带来的城市发展综合效益(竞争力、科学和技术力量、社会文化、教育力量、旅游吸引力)	调查问卷	—

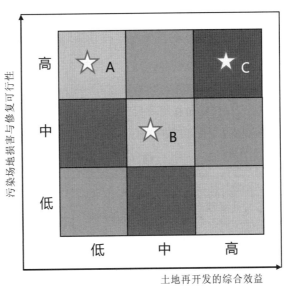

图 6-7　区域案例地块修复优先度排序结果

6.4.3　区域地块修复开发规划评估

6.4.3.1　区域地块修复与再开发备选情景

　　基于三个场地的初步优先度排序等级、可行的修复方案及潜在的未来土地利用类型，在规划评估方法的第 II 阶段进一步进行细化的半定量修复再开发规划分析。表 6-6 设计了可行的备选修复规划情景，对这些情景开展简易的半定量成本收益分析，并根据分析结果对情景进行优化排序。星号或文字描述下方的括号内的序列号，代表每个场地设计的最可能的备选修复情景。三个场地的备选修复情景具体描述见表 6-7。

表 6-6　区域地块修复开发规划备选情景及优化评估

| 场地 | 指标 1：地块风险种类优先度 | | | | 指标 2：修复替代方案 | | | 指标 3：未来土地利用类型 | | | | |
	人体健康	下游地表水水质	地下水水质	生态系统	修复技术	修复费用/(元/m³)	修复时间跨度/年	居住用地	工业用地	商业用地	农用地/草地、耕地	废弃地
A	★	★★ ★★ （A-1）	★★★	★	有限的修复技术	800~1 400	5~6	★★★ （A-1-1）	★★	★	★	★★ ★★ （A-1-2）
B	★★ ★★	★★	★★	★	水泥窑（B-1）生物技术（B-2）	1 600~2 000	3~5	★★★ （B-1-1） （B-2-1）	★★ ★★ （B-1-2） （B-2-2）	★★★ （B-1-3） （B-2-3）	★	★
C	★★ ★★ （C-1）	★★★	★	★	有限的修复技术	900~1 200	10	★★ ★★ （C-1-1）	★	★★ ★★ （C-1-2）	★	★

表 6-7　三个场地的备选修复情景具体描述

情景	子情景	描述
A-1	A-1-1	场地 A 作为居住用地再开发
	A-1-2	场地 A 将作为废弃地
B-1	B-1-1	场地 B 采用水泥窑焚烧修复技术，未来土地利用方式为居住用地
	B-1-2	场地 B 采用水泥窑焚烧修复技术，未来土地利用方式为工业用地
	B-1-3	场地 B 采用水泥窑焚烧修复技术，未来土地利用方式为商业用地
B-2	B-2-1	场地 B 采用生物修复技术，未来土地利用方式为居住用地
	B-2-2	场地 B 采用生物修复技术，未来土地利用方式为工业用地
	B-2-3	场地 B 采用生物修复技术，未来土地利用方式为商业用地
C-1	C-1-1	场地 C 作为居住用地再开发
	C-1-2	场地 C 作为商业用地再开发

6.4.3.2　区域场地修复开发规划优化分析

采用简化指标对三个场地进行评价，数据收集情况如表 6-6 所示。评价方法如下：

（1）危害和修复方案可行性（指标 1 和指标 2）

①指标 1：地块风险种类优先度

星级越高表明该类型风险受体在该污染场地条件下的重要度越高，保护优先度越高。四种风险受体的敏感度排序为：人体健康（4）＞下游地表水水质（3）＞地下水水质（2）＞生态系统（1）。该指标的最终得分为星级最高的风险受体的敏感度，即 B（4）=C（4）＞A（3）。

②指标 2：修复替代方案

涉重金属场地（A 和 C）相比其他类型污染场地（B）具有相对更加明确的、成熟的和可行的修复技术。虽然 A 具有最小的修复成本和时间尺度，其污染程度相对另外两个场地来说也是最轻的。考虑各自的总体污染面积和程度，三个场地的修复成本和时间尺度都是可以接受的。本指标分值排序为 B＜C＜A。

综合评估时，将上述两个子指标的最后结果进行汇总，认为这两个指标的权重是相等的，得到最后排序为 B＜C=A。

（2）未来土地利用类型（指标 3）

对某种土地利用类型打出的星级越高，表明未来越可能或具有偏好再开发为该类土地类型。对于修复后的五类土地利用类型，通常认为潜在效益的排序为居住用地（5）＞商业用地（4）＞工业用地（3）＞农用地/草地、耕地（2）＞废弃地（1）。该指标最终得分为星级最高的土地利用类型的潜在效益，即 C（5）＞B（3）＞A（1）。

6.4.3.3　区域场地修复开发规划评估结果

通过对表 6-6 中每个场地的潜在情景开展简易的成本收益分析评价，可获得对三个场地修复和再开发规划情景的优化分析结果。以修复后土地价值与修复和再开发成本为两个坐标轴，整个坐标系统被划分为三个区域，左上区域代表具有较高的修复和再开发意向，右下区域代表具有较低的修复和再开发意向，中间区域代表具有中等的修复和再开发意向。三个场地的具体评估结果如图 6-8 至图 6-10 所示。

地块 A：认为修复后开发为居住用地类型（A-1-1）的未来土地价值远高于废弃地类型（A-1-2），其修复成本也高于废弃用地类型。

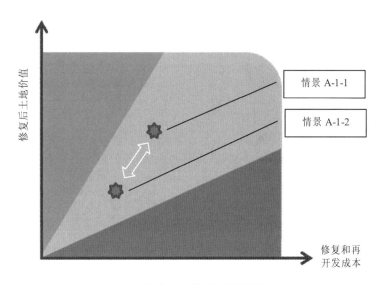

图 6-8 地块 A 的模型评估结果

地块 B：水泥窑焚烧（B-2）比生物修复技术（B-1）更贵。生物修复比水泥窑焚烧需要的时间更长，因此其修复后土地净现值要比水泥窑修复后的土地价值低。同时，认为修复后开发为居住用地和商业用地类型（B-1-1、B-1-3、B-2-1、B-2-3）的土地价格高于工业用地类型（B-1-2、B-2-2）。

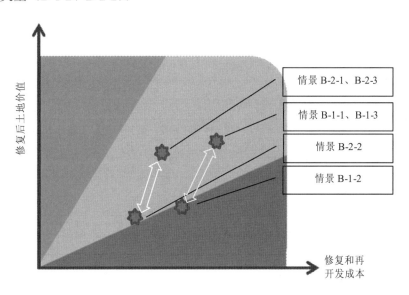

图 6-9 地块 B 的模型评估结果

地块 C：假设潜在居住用地类型（C-1-1）的土地价格高于潜在商业用地类型（C-1-2）。对于居住用地需要考虑比商业用地更严格的人体健康保护标准，因此 C-1-1 修复成本也略高于 C-1-2。

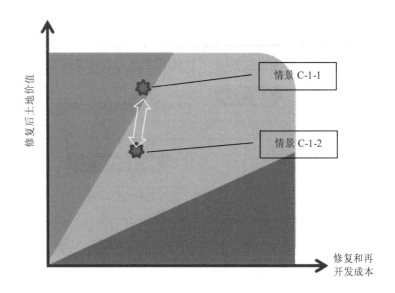

图 6-10　地块 C 的模型评估结果

　　在之前阶段评估结果的基础上，对每个场地及其再开发情景进行最终排序，并得出用于该城市污染场地修复和再开发规划决策支持的污染场地优先排序清单。根据实际情况对排序的结果进行微调，例如，考虑地块 A 的中度风险和其相对于地块 B 较高的修复可行性，情景 A-1-1 高于所有 B 地块的情景。清单结果如表 6-8 所示。

表 6-8　3 个地块不同情景的最终优先列表

分类	序号	情景编号	排序理由
1 类	1	C-1-1	第 I 阶段被归类为第 1 类，第 II 阶段位于图 6-10 左上区域
	2	C-1-2	第 I 阶段被归类为第 1 类，第 II 阶段位于图 6-10 中间区域
2 类	3	A-1-1	中等投入、中等产出
	4	B-2-1、B-2-3	位于图 6-9 中间区域，距离左上区域最近
	5	B-1-1、B-1-3	位于图 6-9 中间区域中部
	6	B-2-2	位于图 6-9 右下区域。低投入低产出
	7	B-1-2	位于图 6-9 右下区域。高投入低产出，受贴现率影响产出略高于 B-2-2
	8	A-1-2	位于图 6-8 中间偏下区域。低投入低产出（比 B-2-2 工业地块低）

6.4.4　地块 C 详细修复与再开发方案评估

　　在上述评估分析的基础上，地块 C 的开发需求最为迫切，因此对区域内案例地块 C 修复规划方案采用费用效益分析方法开展半定量评价。

　　结合地块 C 的实际污染情况、地质剖面和开发需求，把整个场地划分为 8 块（图 6-11）。地块 C 场地覆盖面积约为 350 hm²，污染面积约为 966 000 m²，污染方量约为 2 190 700 m³。

依据场地调查结果，约有 250 000 m² 的土地受到原有有机化工和焦化厂的严重污染，主要污染物为 BTEX、PAHs 和 Pb，最深达到地下 10 m（场地⑥）。中度污染地块面积约为 700 000 m²，主要包括原有仓库造成的 As、Pb、Sb、Ni、Hg、BTEX 和 TPHs 等污染，污染点位平均污染深度约为 10 m（场地③）；原有钢铁厂造成的 TPHs、Ni、Pb、SVOCs 等污染，污染点位平均污染深度为 2 m（场地⑤）。其余地块主要受到钢铁厂造成的 Cu、Pb、Ni、As 和 TPH 等低浓度污染，平均污染深度浅于 2 m（场地①）。而对于场地④，污染集中于几个热点区域，主要污染物包括 TPH、Cr^{6+}、Zn、As、Pb 等，平均污染深度约为 2.5 m。

场地编号	面积/m²	污染面积/m²	污染程度	污染方量/m³	描述
①	1 000 000	10 000	轻	12 000	污染物为 Cu、Pb、Ni、As 和 TPH；污染深度小于 2 m；污染集中于几个热点区域
②	78 667	0	无	0	制氧站
③	411 333	300 000	中	370 000	原存储仓库区域，污染物为 As、Pb、Sb、Ni、Hg、BTEX 和 TPHs。污染分散，平均深度为 10 m
④	320 000	6 000	轻	8 700	污染物为 TPH、Cr^{6+}、Zn、As、Pb 等，污染分散，平均深度为 2.5 m
⑤	855 333	400 000	中	800 000	钢铁厂，污染物为 TPH、Ni、Pb、SVOCs。污染分散,平均深度为 2 m
⑥	662 000	250 000	重	1 000 000	有机化学和焦化厂，污染物为 BTEX、PAHs 和 Pb，污染面积超过 40%，污染深度超过 10 m
⑦	146 000	0	无	0	高速线材厂和未利用地
⑧	404 000	0	无	0	

图 6-11　案例研究地块 C 背景信息

6.4.4.1　情景设计

针对地块 C 的修复与再开发设置了四种情景（包括基线情景）。四种情景如表 6-9 所示。四种情景的设置遵循了管理层面的四个阶段，即不修复、修复至背景值、基于风险的修复和基于修复可行性及优化开发利用的情景。以下对四种情景的详细信息进行了描述。

表 6-9　潜在情景描述

情景	描述
情景 0	不修复或再开发的情景
情景 1	基于零风险的最严格修复情景
情景 2	依据未来土地利用方式的基于风险的修复
情景 3	基于用地历史调整未来土地使用类型的智能修复程序

（1）情景 0

情景 0 描述了土地作为废弃地被隔离、设立警示牌的情景。在该区域不进行任何封闭、修复或再开发活动，仅仅开展长期监控和分析用以防止突发环境事件。情景内容和对应的影响如图 6-12 和表 6-10 所示。

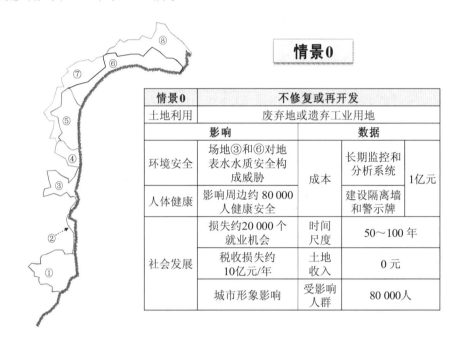

图 6-12　情景 0 区域的未来土地利用类型

表 6-10　情景 0 内容

情景 0	不修复或再开发
土地利用	废弃地或遗弃工业用地
环境安全影响	场地③和⑥威胁长江地表水质量
人体健康影响	场地环境问题周边受影响人群数量约有 80 000 人
社会发展影响	损失约 20 000 个就业机会、10 亿元左右的年税收收入，影响城市形象
内容	长期监控和分析系统建立；隔离屏障和警示牌的设置

（2）情景 1

情景 1 为零风险的最严格修复策略，不论未来土地再开发类型是怎样的。大量的修复场地在修复后被规划为居住用地。各个地块未来土地利用类型和预计修复方量如图 6-13 所示。

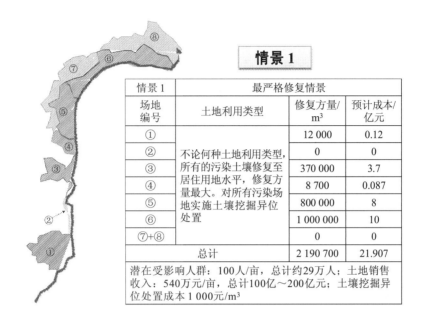

情景 1	最严格修复情景		
场地编号	土地利用类型	修复方量/m³	预计成本/亿元
①	不论何种土地利用类型，所有的污染土壤修复至居住用地水平，修复方量最大。对所有污染场地实施土壤挖掘异位处置	12 000	0.12
②		0	0
③		370 000	3.7
④		8 700	0.087
⑤		800 000	8
⑥		1 000 000	10
⑦+⑧		0	0
总计		2 190 700	21.907
潜在受影响人群：100人/亩，总计约29万人；土地销售收入：540万元/亩，总计100亿～200亿元；土壤挖掘异位处置成本 1 000元/m³			

图 6-13　情景 1 区域的未来土地利用类型

（3）情景 2

情景 2 反映了我国当前场地修复最普遍的情况，即基于风险的修复，土地利用类型在前期城市规划阶段已经确定，如图 6-14 所示。基于风险的修复策略对于未来利用类型不那么敏感的地块制定一些较宽松的修复目标，采取相对成本更低的修复技术，从而减轻修复过程中的二次污染影响。

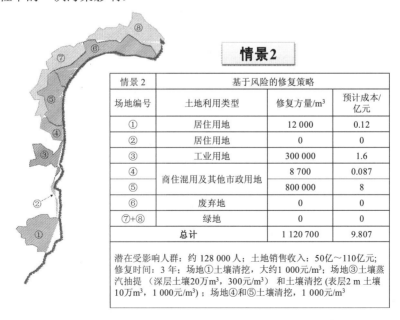

情景 2	基于风险的修复策略		
场地编号	土地利用类型	修复方量/m³	预计成本/亿元
①	居住用地	12 000	0.12
②	居住用地	0	0
③	工业用地	300 000	1.6
④	商住混用及其他市政用地	8 700	0.087
⑤		800 000	8
⑥	废弃地	0	0
⑦+⑧	绿地	0	0
总计		1 120 700	9.807
潜在受影响人群：约 128 000 人；土地销售收入：50亿～110亿元；修复时间：3 年；场地①土壤清挖，大约1 000元/m³；场地③土壤蒸汽抽提 (深层土壤20万m³，300元/m³) 和土壤清挖 (表层2 m 土壤 10万m³，1 000元/m³)；场地④和⑤土壤清挖，1 000元/m³			

图 6-14　情景 2 区域的未来土地利用类型

（4）情景 3

情景 3 包括绿色和可持续的修复策略，污染地块通过若干阶段进行修复和再开发，污染最重或迫切需要修复的地块先进行修复和再开发，较轻等级的地块后修复开发。修复技术从传统重金属污染土壤的化学稳定化和有机污染土壤的水泥窑焚烧，向生物材料或新材料稳定化技术以及生物降解技术转化。总的再开发时限可能持续 10 年甚至更长。每个场地的未来土地利用类型和预计修复方量如图 6-15 所示。

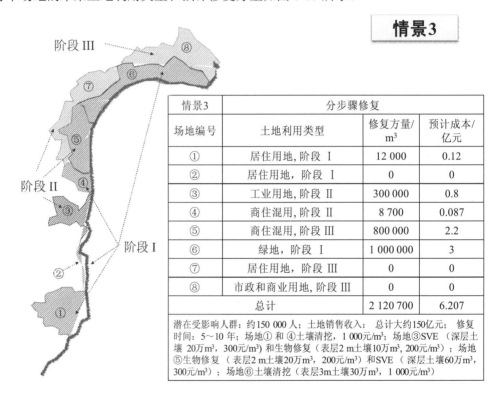

情景3	分步骤修复		
场地编号	土地利用类型	修复方量/m³	预计成本/亿元
①	居住用地，阶段 Ⅰ	12 000	0.12
②	居住用地，阶段 Ⅰ	0	0
③	工业用地，阶段 Ⅱ	300 000	0.8
④	商住混用，阶段 Ⅱ	8 700	0.087
⑤	商住混用，阶段 Ⅲ	800 000	2.2
⑥	绿地，阶段 Ⅰ	1 000 000	3
⑦	居住用地，阶段 Ⅲ	0	0
⑧	市政和商业用地，阶段 Ⅲ	0	0
总计		2 120 700	6.207

潜在受影响人群：约150 000人；土地销售收入： 总计大约150亿元； 修复时间：5～10 年；场地①和④土壤清挖，1 000元/m³；场地③SVE（深层土壤 20万m³，300元/m³）和生物修复（表层2 m土壤10万m³，200元/m³）；场地⑤生物修复（表层2 m土壤20万m³，200元/m³）和SVE（深层土壤60万m³，300元/m³）；场地⑥土壤清挖（表层3m土壤30万m³，1 000元/m³）

图 6-15　情景 3 区域的未来土地利用类型

（5）修复技术方案

四种情景每个场地的修复技术详见表 6-11。四种情景的详细技术和数据信息用于开展费用效益分析。

表 6-11　各情景使用的修复方法描述

情景	修复方法和预计成本
情景 0	监测自然衰减（MNA）
情景 1	土壤挖掘处置
情景 2	场地①土壤清挖，约 1 000 元/m³；场地③土壤蒸汽抽提（深层土壤 20 万 m³，300 元/m³）和土壤清挖（表层 2 m 土壤 10 万 m³，1 000 元/m³）；场地④和⑤土壤清挖，1 000 元/m³

情景	修复方法和预计成本
情景 3	场地①和④土壤清挖，1 000 元/m³；场地③SVE（深层土壤 20 万 m³，300 元/m³）和生物修复（表层 2 m 土壤 10 万 m³，200 元/m³）；场地⑤生物修复（表层 2 m 土壤 20 万 m³，200 元/m³）和 SVE（深层土壤 60 万 m³，300 元/m³）；场地⑥土壤清挖（表层 3 m 土壤 30 万 m³，1 000 元/m³）

6.4.4.2　评估过程

采用简化的半定量 CBA 方法和评估程序，对四种情景的效益和成本进行分析对比。为获得货币项计算的可靠数据，设计了一份针对中国修复行业专家、从业者、管理者、地方政府等的 CBA 通用调查问卷。问卷详细情况见第 5 章。随后对反馈结果进行统计分析并提取区域数据、支付意愿信息、土地价格增长率等信息。对于难以进行货币化计算的指标，采用非货币化定性评估方法。利用调查问卷专家打分的方法确定各项指标影响程度，1 为程度最低，5 为程度最高。同时对该影响因素的重要程度进行判断，赋予权重。费用项和效益项的总权重分别为 1，根据重要性程度进行权重赋值，范围为 0.1～0.9。由于用于筛选修复方案的半定量 CBA 方法是在场地实际开展修复之前进行初步的评估，其评估数据存在一定的不确定性。本案例中对相关参数指标的不确定度做了定性评价，以星号表示（表 6-12）。

6.4.4.3　评估结果

对四种情景下的修复和再开发方案进行了 CBA 案例分析，结果如表 6-13 所示。本案例中，监测自然衰减（MNA，情景 0）在各项评估结果中都具有负值，显然不适合本案例中场地污染修复。采用阶段修复方法的情景 3 具有最大的货币化和非货币化正效益，但具有最小的健康风险削减效益，尽管差距不大。这可能是由于情景 3 实施周期较长，具有影响周边人群健康的风险。情景 1 具有最大的健康风险削减效益，由于其修复目标为最严格的标准，其结果是合理的。但是，情景 1 的货币化效益排名第二，且具有负的非货币化效益，这意味着短期保守的修复措施有助于保护人体健康，但并不一定是保障社会、经济和环境综合效益的最佳选择。情景 2 具有最小的货币项效益，但在健康风险衰减和非货币项分析中与情景 1 和情景 3 相差不大，这也反映了我国当前修复市场现状，即市场驱动让位于政策驱动。大部分场地修复项目服从于事先拟定的城市规划与开发政策，而城市规划在确定未来土地利用类型时极少考虑污染场地分布及污染状况，对场地本身修复必要性考虑不足，从而导致投资巨大但综合效益不高。

表6-12　四种情景中半定量 CBA 计算情况

指标类别		基线情景			情景1			情景2			情景3		
	成本项—子项	费用/千元	时间跨度/年	不确定性	费用/千元	时间跨度/年	不确定性	费用/千元	时间跨度/年	不确定性	费用/千元	时间跨度/年	不确定性
成本项（C）C1 场地修复与管理费用	C1.1 场地调查评估费用	5 000	3	★	5 000	3	★	5 000	3	★	5 000	3	★
	C1.2 场地修复前期准备工作	2 000	2	★	2 000	2	★	2 000	2	★	2 000	2	★
	C1.3 场地修复施工费用（阶段Ⅰ）	80 000	100	★★	12 626 800	1	★★	4 548 800	3	★★	1 048 800	3	★★★
	C1.3（阶段Ⅱ）	N/A	N/A	N/A	N/A	N/A	N/A	N/A	N/A	N/A	3 230 000	3	★★★★
	C1.3（阶段Ⅲ）	N/A	N/A	N/A	N/A	N/A	N/A	N/A	N/A	N/A	2 000 000	4	★★★★
	C1.4 场地修复监理和监管费用	20 000	100	★★	50 000	1	★★	10 000	3	★★	30 000	10	★★
	C1.5 场地修复二次污染防控费用	1 000	100	★★★	1 000	1	★★★	500	3	★★★	5 000	10	★★★
C2 修复工程施工过程的健康损害	C2.1 修复施工区及周边的环境健康危害（阶段Ⅰ）	1 128 960	0.25	★★★★	13 641 600	1	★★★★	18 063 360	3	★★★★	11 289 600	3	★★★★
	C2.1（阶段Ⅱ）	N/A	N/A	N/A	N/A	N/A	N/A	N/A	N/A	N/A	7 056 000	3	★★★★★
	C2.1（阶段Ⅲ）	N/A	N/A	N/A	N/A	N/A	N/A	N/A	N/A	N/A	3 763 200	4	★★★★★
	C2.2 修复施工区及周边的职业健康危害	200	0.25	★★	6 666	1	★★	19 998	3	★★	66 660	10	★★
	C2.3 污染物运输和异味处置导致的环境健康危害（阶段Ⅰ）	0.00	—	★	111 589	1	★★★	41 804	1	★★★	1 054	3	★★★
	C2.3（阶段Ⅱ）	N/A	N/A	N/A	N/A	N/A	N/A	N/A	N/A	N/A	40 750	3	★★★★
	C2.3（阶段Ⅲ）	N/A	N/A	N/A	N/A	N/A	N/A	N/A	N/A	N/A	50 938	4	★★★

指标类别		基线情景			情景 1			情景 2			情景 3		
效益项（B）	效益项—子项	效益/千元	时间跨度/年	不确定性	效益/千元	时间跨度/年	不确定性	效益/千元	时间跨度/年	不确定性	效益/千元	时间跨度/年	不确定性
B1 污染土地价值增值	B1.1 污染土地价值增值（阶段Ⅰ）	0.00	100	★	19 386 665	1	★★	12 201 999	3	★★	5 847 001.5	3	★★
	B1.1（阶段Ⅱ）	N/A	N/A	N/A	N/A	N/A	N/A	N/A	N/A	N/A	6 033 597.6	3	★★★
	B1.1（阶段Ⅲ）	N/A	N/A	N/A	N/A	N/A	N/A	N/A	N/A	N/A	21 079 995	4	★★★★
	B1.2 周边土地增值	0.00	100	★	8 000 000	1	★★★	7 200 000	3	★★★	10 400 000	10	★★★★
B6 突发环境事件或隐患降低	B6.1 突发环境事件风险削减	−4 669 600	100	★★★	16 927 300	1	★★★	7 471 360	3	★★★	8 755 500	10	★★★
	B6.2 污染地下水或其他迁移扩散隐患削减	−6 300	100	★★★	6 300	1	★★★	6 300	3	★★★	6 300	3	★★★

注：N/A 表示不适用。

表 6-13　筛选替代方案的 CBA 结果　　　　单位：百万元

分类		成本	效益	净效益
货币化评价结果	情景 0	1 010.54	−1 329.14	−2 339.68
	情景 1	29 042.32	41 376.67	12 334.35
	情景 2	11 309.11	30 086.15	18 777.04
	情景 3	11 263.16	42 719.57	31 456.41
健康风险削减经济效益	情景 0	3.70	—	−3.70
	情景 1	—	11.37	11.37
	情景 2	—	11.05	11.05
	情景 3	—	18.74	18.74
非货币化定性评估结果	情景 0	5.00	1.00	−4.00
	情景 1	4.00	3.90	−0.10
	情景 2	2.40	2.60	0.20
	情景 3	1.40	3.20	1.80

本案例分析结果正面反映了综合考虑污染场地现状和未来土地利用类型的智能修复与再开发决策方案（情景 3）的优势。情景 3 依托对未污染或轻微污染地块的居住区再开发利用，以及依据场地修复紧迫性开展分步骤、分阶段的修复再开发策略，创造了可观的净收益。结果表明，采用分步骤地将污染状况与土地类型相结合的修复再开发政策，比传统一次修复且政策驱动的修复方案，其货币化净效益增加了约 3 倍，非货币化净效益增加了 8 倍。该分步综合策略是未来污染场地修复和早期城市规划的趋势，也是城市规划决策制定的导向。

6.5　小结

本章提出了区域地块修复可持续评估的两个步骤程序。阶段 I 筛选出了当前污染现状对敏感受体具有明显环境或健康风险的第 1 类和第 2 类潜在污染场地，阶段 II 构建了对这些潜在污染场地进行优先度排序的定性评价矩阵。该评价矩阵是本研究提出的规划模型的重要组成部分，综合考虑上述各项指标，对疑似污染场地进行优化排序。矩阵评价对象包括市中心、郊区、偏远农村或矿区的场地修复和再开发。

针对我国某城市三个污染地块进行了修复再开发规划评估案例分析，在初步掌握场地背景的基础上，阶段 I 对三个场地进行了定性评估分类，综合考虑场地风险、修复可行性和土地再开发利用等因素对地块风险重要度的影响。阶段 II 在阶段 I 的基础上，对不同场地设置了潜在的修复再开发情景，并分别针对每个情景进行简单直接的成本收益定性分析，阶段 II 进行了轻微修正，结果给出了针对三个场地四种情景的修复再开发优先度排序。

　　研究案例阐述了规划评估方法在区域污染场地修复再开发层次化分析决策中的应用程序、阶段和方法，在早期区域规划阶段、污染场地信息不完整的情况下，表明了综合考虑社会、经济和环境因素的简化定性评估的可行性。评估结果对于管理决策具有一定的参考价值，也为后续有针对性地开展定量场地修复费用效益评估提供了条件。但是，由于受限于基础数据的完整度和可得性等客观因素，区域尺度的费用效益分析方法仍有待进一步优化，区域尺度的情景评估分析结果仍存在一定的不确定性。

第7章 总结与展望

7.1 主要结论

当前重点发展的地块尺度风险管控手段和常规监管政策，难以从整体上支撑区域土壤生态环境战略安全和绿色可持续发展。构建国家场地风险防控的社会、经济、环境效益定量评估工具，建立系统完整的土壤污染防治规划技术体系，明确国家土壤污染防治中长期风险管控模式和战略路线图，是一项重要的基础性工作，对于深入打好土壤污染防治攻坚战，提升土壤生态环境质量，确保土壤资源环境可持续和健康安全至关重要。

本书尝试构建了我国污染地块绿色可持续修复评估方法和框架程序，从区域和场地尺度分别构建了符合国情的工业场地早期再开发规划决策评估方法、污染场地修复生命周期评估方法和土壤污染修复与再开发费用效益分析评估模型，并选择典型区域和污染场地进行案例分析。主要结论包括：

①初步构建了我国铬污染场地典型修复技术生命周期评估清单，分析了不同修复技术的环境影响类型和关键环境影响过程，并对影响最大的修复参数进行了敏感度分析。其结果可为探索我国铬污染场地主要修复技术的关键环境影响因子、评估典型铬污染场地修复工程二次环境影响、促进我国铬污染场地绿色可持续修复最佳实践提供参考，对中国污染地块绿色可持续发展具有一定促进作用。尽管开展污染场地修复生命周期评估可以量化修复工程所产生的二次环境影响，为促进绿色修复实践提供依据，但也应看到污染场地 LCA 的局限性。首先，由于 LCA 方法本身和专业数据库的限制，评估相关过程参数可能不完全适用于我国污染场地或案例场地实际情况；其次，缺少对修复工程实施后遗留在土壤和地下水中的化学物质的生态环境影响定量评估；最后，仅对场地修复二次环境影响开展评估，未对修复工程本身对区域和周边的社会经济影响进行综合评估。

②以我国污染场地技术水平、法规政策和修复市场调查分析为出发点，采用专家咨询、问卷调查、情景分析等手段，结合具体污染地块案例分析，构建了基于我国当前土壤修复成本核算方法和土壤修复综合效益的污染地块修复 CBA 评价指标体系和评估框

架，通过将指标划分为货币化指标和非货币化指标分别采取定量计算和定性分析的方法进行评估，并对贴现率等关键参数的波动进行了不确定性分析。污染地块费用效益分析可以定量化评价场地修复所带来的社会环境经济综合影响，为推动实践可持续的场地修复提供了评价依据和参照。

③针对我国当前土壤环境管理主要围绕单块污染地块环境监管难以支撑区域尺度场地修复可持续管理的现状，为解决区域尺度污染场地规划决策机制缺失和缺少有效的评估优选方法的问题，研究构建的区域污染场地修复优先排序和再开发规划评估方法，可以支撑地方政府和专业机构在极其有限的资金投入、环境调查信息缺失、政府决策机制不健全的前提下，开展较为可行和理性的土地再开发管理决策和修复工程方案决策。

上述技术方法探索为我国污染地块修复绿色可持续评估提供了依据，对促进我国可持续的污染地块管理具有参考意义和借鉴价值。但无论是从国际上几十年来污染地块的管理经验，还是从我国"十四五"期间土壤污染防治的管理需求上都可以看出，为有效提升我国污染地块绿色可持续管理水平，建立可持续的土壤污染风险管控与治理修复体系，推进我国土壤污染修复产业长期、稳定、健康发展，需要从政策法规、技术标准、科技支撑、公众参与、责任认定、工程实践等方面，多维度、全过程、立体式建立污染地块绿色可持续管理体系。

7.2　研究展望

尽管本书在区域和污染地块尺度开展了一些绿色可持续评估方法和案例的有益探索，但由于时间、精力和认知水平有限，本书尚存在诸多不足，有待在今后的研究中进一步弥补和完善。

①由于生命周期评估方法本身和专业数据库的限制，在针对污染地块修复开展 LCA 绿色可持续评估时，相关过程参数可能不完全适用于我国污染地块实际情况，如标准化或归一化评估后的绝对值，但其结果仍具有相对参考意义。此外，在典型案例生命周期环境影响评价方法（LCIA）中，对地块修复后遗留在土壤中的物质缺少相关考虑，如对修复后由于投加大量药剂而遗留在土壤中的硫酸盐、氯离子等的生态环境影响没有开展定量评估，仅对修复过程所产生的环境影响进行了评价，在后续研究中应进一步将其作为最终物质流纳入评估体系，或采取其他适用方法进行特征性评价，以更加综合、全面地反映修复技术所产生的实际二次环境影响。

②本书针对典型地块开展的费用效益分析（CBA）量化评估方法开展了大量工作，采取了环境优先权模型（EPS）对修复施工产生的环境健康影响价值量进行耦合量化评估，采取了伤残调整寿命年（DALY）作为健康风险量化指标，将修复产生的健康风险削减效益进行了耦合量化评估，对污染地块修复费用效益分析量化评估方法做了创新性的有益

补充。然而，尽管研究通过问卷调研等方式取得了 CBA 中部分参数的本地化，但上述方法中所采用的与污染物排放、人口分布等相关的特征参数是否适用于我国人口和地块实际情况，仍有待于进一步分析，下一步研究可对耦合量化评估方法中涉及的定量参数开展进一步的本地化探索。

③区域尺度地块修复可持续评估过程受限于基础数据的完整度和可得性等客观因素，区域尺度的多目标决策分析、费用效益分析等方法仍有待进一步优化，区域尺度的情景评估分析结果仍存在一定的不确定性。下一步研究可从评估指标的权重分析、敏感性分析和不确定性分析等方面进一步加强。

④本书中区域尺度地块修复可持续评估主要以"定性+半定量"评估方法为主，对于区域土壤环境管理的决策支撑作用相对较弱。下一步可加强对区域尺度量化评估方法及其实用性的探索，开展基于物质流分析的区域尺度多个地块修复管控可持续评估和风险分区研究。在进一步明确区域尺度评估边界的基础上，探索评估结果如何与环境功能分区、区域环境规划、土地利用规划等区域相关管理要求衔接，以期为区域土壤环境可持续管理提供更加有力的支撑。

⑤我国污染地块绿色可持续修复评估技术方法仍处于初步研究阶段，为加强污染地块的绿色可持续修复管控实践，下一步应积极探索构建基于绿色可持续评估技术方法的相关评估工具，并紧密结合绿色低碳发展和应对气候变化大背景下的技术评估需求，通过开发和发布实用性强、操作便捷的我国本土化评估工具，有效推动污染地块绿色可持续修复评估的应用实践。

参考文献

ARCTANDER E, BARDOS P. 2002. Remediation of contaminated land technology implementation in Europe[M]. Berlin: Federal Environmental Agency.

ASCOUGH J, MAIER H, RAVALICO J, et al. 2008. Future research challenges for incorporation of uncertainty in environmental and ecological decision-making[J]. Ecological Modelling, 219: 383-399.

ASTM E2893-16el. 2016. Standard Guide for Greener Cleanups[S].

BARDOS R, THOMAS H, SMITH J, et al. 2018. The Development and Use of Sustainability Criteria in SuRF-UK's Sustainable Remediation Framework[J]. Sustainability, 10.

BARDOS R P, NATHANAIL C P, Weenk A. 2000. Assessing wider enviornmental value of remediating land contamination: a review[M]. London: Environment Agency.

BARDOS R P, BONE B D, BOYLE R, et al. 2016a. The rationale for simple approaches for sustainability assessment and management in contaminated land practice[J]. Sci Total Environ, 563/564: 755-768.

BARDOS R P, JONES S, STEPHENSON I, et al. 2016b. Optimising value from the soft re-use of brownfield sites[J]. Sci Total Environ, 563/564: 769-782.

BARE J C. 2002. Developing a consistent decision-making framework by using the U.S. EPA's TRACI[M]. Cincinnati, OH: US EPA.

BARE J C, GLORIA T P. 2006. Critical analysis of the mathematical relationships and comprehensiveness of life cycle impact assessment approaches[J]. Environmental Science & Technology, 40: 1104-1113.

BELLO-DAMBATTA A, FARMANI R, JAVADI A A, et al. 2009. The analytical hierarchy process for contaminated land management[J]. Advanced Engineering Informatics, 23: 433-441.

BERGIUS K, OBERG T. 2007. Initial screening of contaminated land: a comparison of US and Swedish methods[J]. Environ Manage, 39: 226-234.

BROMBAL D, WANG H, PIZZOL L, et al. 2015. Soil environmental management systems for contaminated sites in China and the EU. Common challenges and perspectives for lesson drawing[J]. Land Use Policy, 48: 286-298.

BRUNDTLAND G H. 1987. Our common future[M]. Japan: World Commission on Environment and Development.

BUSSET G, SANGELY M, MONTREJAUD-VIGNOLES M, et al. 2012. Life cycle assessment of polychlorinated biphenyl contaminated soil remediation processes[J]. The International Journal of Life Cycle Assessment,17: 325-336.

BUTLER P B, LARSEN-HALLOCK L, LEWIS R, et al. 2011. Metrics for integrating sustainability evaluations into remediation projects[J]. Remediation Journal, 21: 81-87.

CABERNET. 2006. Concerted Action on Brownfield and Economic Regeneration Network[M]. EUGRIS: Portal for soil and water management in Europe.

CACELA D, LIPTON J, BELTMAN D, et al. 2005. Associating ecosystem service losses with indicators of toxicity in habitat equivalency analysis[J]. Environ Manage, 35: 343-351.

CADOTTE M, DESCHêNES L, SAMSON R. 2007. Selection of a remediation scenario for a diesel-contaminated site using LCA[J]. The International Journal of Life Cycle Assessment, 12: 239-251.

CAPPUYNS V. 2016. Inclusion of social indicators in decision support tools for the selection of sustainable site remediation options[J]. J Environ Manage, 184: 45-56.

CAPPUYNS V, KESSEN B. 2013. Combining life cycle analysis, human health and financial risk assessment for the evaluation of contaminated site remediation[J]. Journal of Environmental Planning and Management, 57: 1101-1121.

CARLON C, CRITTO A, RAMIERI E, et al. 2007. DESYRE: Decision Support System for the Rehabilitation of Contaminated Megasites[J]. Integrated Environmental Assessment and Management,3: 211-222.

CARLON C, PIZZOL L, CRITTO A, et al. 2008. A spatial risk assessment methodology to support the remediation of contaminated land[J]. Environ Int, 34: 397-411.

CCME. 1997. Guidance document on the management of contaminated sites in Canada[M]. Winnipeg: Canadian Council of Ministers of the Environment.

CCME. 2008. Canada national classification system for contaminated sites guidance document[M]. Winnipeg: Canada Council of Ministers of the Environment.

CHEN Y, HIPEL K W, KILGOUR D M, et al. 2009. A strategic classification support system for brownfield redevelopment[J]. Environmental Modelling & Software, 24: 647-654.

CHOI Y, THOMPSON J M, LIN D, et al. 2016. Secondary environmental impacts of remedial alternatives for sediment contaminated with hydrophobic organic contaminants[J]. J Hazard Mater, 304: 352-359.

CHRYSOCHOOU M, BROWN K, DAHAL G, et al. 2012. A GIS and indexing scheme to screen brownfields for area-wide redevelopment planning[J]. Landscape and Urban Planning, 105: 187-198.

CLARINET. 2002a. Review of decision support tools for contaminated land management, and their use in Europe[M]. Austria: Federal Environment Agency, Austria.

CLARINET. 2002b. Sustainable management of contaminated land: An overview[M]. Austria: Federal Environment Agency.

COMPERNOLLE T, PASSEL S V, LEBBE L. 2013. Bioremediation: How to deal with removal efficiency uncertainty? An economic application[J]. Journal of Environmental Management, 127: 77-85.

CONSOLI F, ALLEN D, BOUSTEAD I, et al. 1993. Guidelines for life-cycle assessment: A "Code of Practice" [M]. Sesimbra, Portugal: Society of Environmental Toxicology and Chemistry.

COULON F, JONES K, LI H, et al. 2016. China's soil and groundwater management challenges: Lessons from the UK's experience and opportunities for China[J]. Environ Int, 91: 196-200.

CRITTO A, CANTARELLA L, CARLON C, et al. 2006. Decision support-oriented selection of remediation technologies to rehabilitate contaminated sites[J]. Integrated Environmental Assessment and Management, 2: 273-285.

DHAL B, THATOI H N, DAS N N, et al. 2013. Chemical and microbial remediation of hexavalent chromium from contaminated soil and mining/metallurgical solid waste: a review[J]. Journal of Hazardous Materials, 250/251: 272-291.

DIAMOND M L, PAGE C A, CAMPBELL M, et al. 1999. Life-cycle framework for assessment of site remediation options: method and generic survey[J]. Environmental Toxicology and Chemistry, 18: 788-800.

EC. 2012. Report from the commission to the european parliament, the council, the european economic and social committee and the committee of the regions[M]. Brussels: EC.

EFROYMSON R A, NICOLETTE J P, SUTER G W. 2004. A framework for net environmental benefit analysis for remediation or restoration of contaminated sites[J]. Environ Manage，34: 315-331.

EPA U S. 2010.Guidelines for preparing economic analyses[M]. Washington D.C: USEPA.

FAO. 2015. Status of the worlds soil resources[M]. Rome: Intergovernmental Technical Panel on Soils (ITPS).

FAVARA P, SKANCE O. 2017. Overview of LCAs as Applied to Remediation Projects[M]. Encyclopedia of Sustainable Technologies.

FAVARA P J, KRIEGER T M, BOUGHTON B, et al. 2011. Guidance for performing footprint analyses and life-cycle assessments for the remediation industry[J]. Remediation Journal, 21: 39-79.

FINNVEDEN G, HAUSCHILD M Z, EKVALL T, et al. 2009. Recent developments in Life Cycle Assessment[J]. J Environ Manage, 91: 1-21.

FME GERMANY. 2002. German Federal Government Soil Protection Report[M]. Bonn: Federal Ministry for the Environment, Nature Protection and Nuclear Safety.

GARÇÃO R. 2015. Assessment of alternatives of urban brownfield redevelopment. Application of the SCORE tool in early planning stages[D]. Department of Civil and Environmental Engineering. Göteborg: Chalmers University of Technology.

GASTINEAU P, TAUGOURDEAU E. 2014. Compensating for environmental damages[J]. Ecological Economics, 97: 150-161.

GILL R T, THORNTON S F, HARBOTTLE M J, et al. 2016. Sustainability assessment of electrokinetic bioremediation compared with alternative remediation options for a petroleum release site[J]. J Environ Manage, 184: 120-131.

GODIN J, MéNARD J-F, HAINS S, et al. 2004. Combined use of life cycle assessment and groundwater transport modeling to support contaminated site management[J]. Human and Ecological Risk Assessment: An International Journal, 10: 1099-1116.

GOEDKOOP M, HEIJUNGS R, HUIJBREGTS M, et al. 2009. ReCiPe 2008 a life cycle impact assessment method which comprises harmonised category indicators at the midpoint and the endpoint level[M]. PRé Consultants.

GAO. 2019. SUPERFUND: EPA should take additional actions to manage risks from climate change. Washington, D.C.: US Government Accountability Office. https://www.gao.gov/products/ GAO-20-73.

GOEDKOOP M, SPRIENSMA R. 2001. The eco-indicator 99: a damage oriented method for life cycle impact assessment – Methodology Report[M]. Plotterweg: Pre Consultants.

GOLDAMMER W, NüSSER A. 1999. Cost-benefit analyses as basis for decision-making in environmental restoration[M]. Germany: WM'99 Conference.

Government of Canada. 2019a. About federal contaminated sites[M]. Canada: Government of Canada.

Government of Canada. 2019b. Federal contaminated sites inventory[M]. Canada: Government of Canada.

GUERRIERO C, BIANCHI F, CAIRNS J, et al. 2011. Policies to clean up toxic industrial contaminated sites of Gela and Priolo: a cost-benefit analysis[J]. Environ Health, 10: 68.

GUINEE J B. 2001. Handbook on life cycle assessment. an operational guide to the ISO standards[J]. The International Journal of Life Cycle Assessment, 7:311-313.

HARCLERODE M A, MACBETH T W, MILLER M E, et al. 2016. Early decision framework for integrating sustainable risk management for complex remediation sites: Drivers, barriers, and performance metrics[J]. J Environ Manage, 184: 57-66.

HARDISTY P, OZDEMIROGLU E. 2002. Costs and benefits associated with groundwater remediation: Application and example[M]. Bristol: UK EA.

HAUSCHILD M, POTTING J. 2003. Spatial differentiation in life cycle impact assessment the EDIP2003 methodology[M]. Denmark: Technical University of Denmark.

HELLWEG S, FISCHER U, HOFSTETTER T B, et al. 2005. Site-dependent fate assessment in LCA: transport of heavy metals in soil[J]. Journal of Cleaner Production, 13: 341-361.

HIGGINS M R, OLSON T M. 2009. Life-Cycle case study comparison of permeable reactive barrier versus pump-and-treat remediation[J]. Environmental Science & Technology, 43: 9432-9438.

HOLLAND K, KARNIS S, KASNER D A, et al. 2013. Integrating remediation and reuse to achieve whole-system sustainability benefits[J]. Remediation Journal, 23: 5-17.

HOLLAND K S, LEWIS R E, TIPTON K, et al. 2011. Framework for integrating sustainability into remediation projects[J]. Remediation Journal, 21: 7-38.

HOMBRE. 2013. Decision support framework for the successful regeneration of brownfields[M]. Holistic Management of Brownfield Regeneration.

HOU D, AL-TABBAA A, GUTHRIE P, et al. 2014a. Using a hybrid LCA method to evaluate the sustainability of sediment remediation at the London Olympic Park[J]. Journal of Cleaner Production, 83: 87-95.

HOU D, AL-TABBAA A, LUO J. 2014b. Assessing effects of site characteristics on remediation secondary life cycle impact with a generalised framework[J]. Journal of Environmental Planning and Management, 57: 1083-1100.

HOU D, DING Z, LI G, et al. 2018. A sustainability assessment framework for agricultural land remediation in China[J]. Land Degradation & Development, 29: 1005-1018.

HOU D, GU Q, MA F, et al. 2016. Life cycle assessment comparison of thermal desorption and stabilization/solidification of mercury contaminated soil on agricultural land[J]. Journal of Cleaner Production, 139: 949-956.

HUANG W Y, HUNG W T, VU C T, et al. 2016. Green and sustainable remediation (GSR) evaluation: framework, standards, and tool. A case study in Taiwan[J]. Environmental Science and Pollution Research, 23: 21712-21725.

HUMBERT S, SCHRYVER A D, BENGOA X, et al. 2012. IMPACT 2002+: User guide[M]. Switzerland.

HUNG M L, MA H W. 2008. Quantifying system uncertainty of life cycle assessment based on Monte Carlo simulation[J]. The International Journal of Life Cycle Assessment, 14: 19-27.

HUYSEGOMS L, CAPPUYNS V. 2017. Critical review of decision support tools for sustainability assessment of site remediation options[J]. J Environ Manage, 196: 278-296.

HUYSEGOMS L, ROUSSEAU S, CAPPUYNS V. 2018. Friends or foes? Monetized life cycle assessment and cost-benefit analysis of the site remediation of a former gas plant[J]. Sci Total Environ, 619/620: 258-271.

ILLASZEWICZ J, GIBSON K. 2009. Green and sustainable remediation: Creating a framework for environmentally friendly site cleanup[J]. Environmental Quality Management, 18: 1-8.

Industrial Economics Incorporated. 2015. Assessment of the potential costs, benefits, and other impacts of the final revisions to EPA's underground storage tank regulations[R]. Washington D.C: Office of UST, EPA.

International Centre for Soil and Contaminated Sites. 2004.Management and remediation of contaminated sites[R]. Berlin.

ISO. 2006a. Life cycle assessment-principles and framework[S]. Environmental Management. Geneva: International Organization for Standardization.

ISO. 2006b. Life cycle assessment-requirements and guidelines[S]. Geneva: Environmental Management. International Organization for Standardization.

ISO. 2017. Soil quality — Sustainable remediation[S]. Geneva: International Organization for Standardization.

ITRC. 2004. Remediation process optimization: identifying opportunities for enhanced and more efficient site remediation[R].

ITRC. 2006. Life cycle cost analysis[R].

ITRC. 2011a. Green and sustainable remediation: a practical framework[R]. Washington, D. C: The Interstate Technology & Regulatory Council.

ITRC. 2011b. Green and sustainable remediation: State of the science and practice[R]. The Interstate Technology & Regulatory Council.

JOLLIET O, MARGNI M, CHARLES R, et al. 2003. IMPACT 2002+: A new life cycle impact assessment methodology[J]. The International Journal of Life Cycle Assessment, 8: 324-330.

JRC. 2014. Progress in the management of Contaminated Sitesin Europe[R]. Institute for Environment and Sustainability.

KARN B, KUIKEN T, OTTO M. 2009. Nanotechnology and in situ remediation: a review of the benefits and potential risks[J]. Environmental Health Perspectives, 117: 1823-1831.

KASAMAS H, DÖBERL G, MÜLLER D. 2012. Towards Sustainable contaminated sites management in austria[C]. Clean Soil and Safe Water, 229-235.

KEESSTRA S D, BOUMA J, WALLINGA J, et al. 2016. The significance of soils and soil science towards realization of the United Nations Sustainable Development Goals[J]. Soil, 2: 111-128.

KENNEY M, WHITE M. 2007.A cost-benefit model for evaluating remediation alternatives at superfund sites incorporating the value of ecosystem services[M]. Boston: Springer.

KIM E J, MILLER P. 2015. Collaborative planning model for brownfield regeneration[J]. Journal of the Korean Institute of Landscape Architecture, 43: 92-100.

KVAERNO S H, OYGARDEN L. 2006. The influence of freeze–thaw cycles and soil moisture on aggregate stability of three soils in Norway[J]. Catena, 67: 175-182.

KWIKIMA M M, LEMA M W. 2017. Sorption characteristics of hexavalent chromium in the soil based on batch experiment and their implications to the environment[J]. Journal of Geoscience and Environment Protection,5: 152-164.

LANGE D A, MCNEIL S. 2004. Brownfield development: Tools for stewardship[J]. Journal of Urban Planning and Development, 130: 109-116.

LAVEE D, ASH T, BANIAD G. 2012. Cost-benefit analysis of soil remediation in Israeli industial zones[J]. Natural Resources Forum, 36: 15.

LEMMING G. 2010. Environmental assessment of contaminated site remediation in a life cycle perspective[D]. Department of Environmental Engineering. Denmark: Technical University of Denmark.

LEMMING G, CHAMBON J C, BINNING P J, et al. 2012. Is there an environmental benefit from remediation of a contaminated site? Combined assessments of the risk reduction and life cycle impact of remediation[J]. J Environ Manage, 112: 392-403.

LEMMING G, HAUSCHILD M Z, BJERG P L. 2010a. Life cycle assessment of soil and groundwater remediation technologies: literature review[J]. The International Journal of Life Cycle Assessment, 15: 115-127.

LEMMING G, HAUSCHILD M Z, CHAMBON J, et al. 2010b. Environmental impacts of remediation of a trichloroethene-contaminated site: Life cycle assessment of remediation alternatives[J]. Environmental Science & Technology, 44: 9163-9169.

LESAGE P, EKVALL T, DESCHêNES L, et al. 2006. Environmental assessment of brownfield rehabilitation using two different life cycle inventory models[J]. The International Journal of Life Cycle Assessment, 12: 497-513.

LI X, JIAO W, XIAO R, et al. 2017. Contaminated sites in China: Countermeasures of provincial governments[J]. Journal of Cleaner Production, 147: 485-496.

LIM H, KWON I S, LEE H, et al. 2016. Environmental impact assessment using a GSR tool for a landfarming case in South Korea[J]. Environmental Monitoring and Assessment, 188(231): 1-9.

LINKOV I, MOBERG E. 2012. Multi-Criteria decision analysis: Environmental applications and case studies[M]. Florida: CRC Press.

LINKOV I, SEAGER T P. 2011. Coupling multi-criteria decision analysis, life-cycle assessment, and risk assessment for emerging threats[J]. Environ Sci Technol, 45: 5068-5074.

LIU K, KO C-Y, FAN C, et al. 2012. Combining risk assessment, life cycle assessment, and multi-criteria decision analysis to estimate environmental aspects in environmental management system[J]. International Journal of Life Cycle Assessment, 17: 845-862.

LO S C, MA H W, LO S L. 2005. Quantifying and reducing uncertainty in life cycle assessment using the Bayesian Monte Carlo method[J]. Sci Total Environ, 340: 23-33.

MAK M S, LO I M. 2011. Environmental life cycle assessment of permeable reactive barriers: effects of construction methods, reactive materials and groundwater constituents[J]. Environ Sci Technol, 45: 10148-10154.

MARTINO L E, DONA C L, DICERBO J, et al. 2016. Green and sustainable remediation practices in Federal Agency cleanup programs[J]. Environmental Earth Sciences, 75(1407):1-13.

MAYES W M, JOHNSTON D, POTTER H A, et al. 2009. A national strategy for identification, prioritisation and management of pollution from abandoned non-coal mine sites in England and Wales. I. Methodology development and initial results[J]. Sci Total Environ, 407: 5435-5447.

ME. 2004. Contaminated land management guidelines No. 3 - Risk Screening System[M]. Wellington: Ministry for the Environment.

MISHRA S K, HITZHUSEN F J, SOHNGEN B L, et al. 2012. Costs of abandoned coal mine reclamation and associated recreation benefits in Ohio[J]. J Environ Manage, 100: 52-58.

MORIO M, SCHADLER S, FINKEL M. 2013. Applying a multi-criteria genetic algorithm framework for brownfield reuse optimization: improving redevelopment options based on stakeholder preferences[J]. J Environ Manage, 130: 331-346.

MURRAY C J L, EZZATI M, FLAXMAN A D, et al. 2012. Supplementary appendix to: GBD 2010: Design, definitions, and metrics[J]. The Lancet, 380: 263-266.

NICOLE. 2012. How to implement Sustainable Remediation in a contaminated land management project?[R]. NICOLE.

Nicole and Common Forum. 2013. Risk-Informed and sustainable remediation[R]. Joint Position Statement by Nicole and Common Forum.

NIJKAMP P, RODENBURG C A, WAGTENDONK A J. 2002. Success factors for sustainable urban brownfield development: A comparative case study approach to polluted sites[J]. Ecological Economics, 40: 235-252.

NOAA. 1990. Excavation and rock washing treatment technology: Net environmental benefit analysis[R]. Seattle: National Oceanic and Atmospheric Administration.

NORRMAN J, VOLCHKO Y, HOOIMEIJER F, et al. 2016. Integration of the subsurface and the surface sectors for a more holistic approach for sustainable redevelopment of urban brownfields[J]. Sci Total Environ, 563/564: 879-889.

ONWUBUYA K, CUNDY A, PUSCHENREITER M, et al. 2009. Developing decision support tools for the selection of "gentle" remediation approaches[J]. Sci Total Environ, 407: 6132-6142.

OWSIANIAK M, LEMMING G, HAUSCHILD M Z, et al. 2013. Assessing environmental sustainability of remediation technologies in a life cycle perspective is not so easy[J]. Environmental Science & Technology, 47: 1182-1183.

PAGE C A, DIAMOND M L, BELL M C, et al. 1999. Life-cycle framework for assessment of site remediation options: case study[J]. Environmental Toxicology and Chemistry, 18: 801-810.

Paul H, Helmut R. 2004. Practical handbook of material flow analysis[M]. Boca Raton London New York Washington D. C.: Lewis Publishers.

PIZZOL L, CRITTO A, AGOSTINI P, et al. 2011. Regional risk assessment for contaminated sites part 2: ranking of potentially contaminated sites[J]. Environ Int, 37: 1307-1320.

PIZZOL L, ZABEO A, KLUSACEK P, et al. 2016. Timbre brownfield prioritization tool to support effective brownfield regeneration[J]. J Environ Manage, 166: 178-192.

POWELL J. 2002. Using expectations of gain to bound the benefits from contaminated land remediation[J]. International Journal of Environment and Pollution, 17: 337-355.

PRé Consultants. 2014. SimaPro database manual methods library[R]. Netherlands: PRé Consultants.

REAP J, ROMAN F, DUNCAN S, et al. 2008a. A survey of unresolved problems in life cycle assessment-Part 2: impact assessment and interpretation[J]. The International Journal of Life Cycle Assessment, 13: 374-388.

REAP J, ROMAN F, ROMAN F, et al. 2008b. A survey of unresolved problems in life cycle assessment - Part 1: goal and scope and inventory analysis[J]. The International Journal of Life Cycle Assessment, 13: 290-300.

REDDY K R, ADAMS J A. 2015. Sustainable remediation of contaminated sites[R]. New York: Momentum Press LLC.

RESCUE. 2004. RESCUE-Regeneration of European sites in Cites and Urban Environments project web site [R]. EUGRIS: portal for soil and water management in Europe.

RIDSDALE D R, NOBLE B F. 2016. Assessing sustainable remediation frameworks using sustainability principles[J]. J Environ Manage, 184: 36-44.

RIZZO E, BARDOS P, PIZZOL L, et al. 2016. Comparison of international approaches to sustainable remediation[J]. J Environ Manage, 184: 4-17.

RIZZO E, PESCE M, PIZZOL L, et al. 2015. Brownfield regeneration in Europe: Identifying stakeholder perceptions, concerns, attitudes and information needs[J]. Land Use Policy,48: 437-453.

RODRIGUES S M, PEREIRA M E, DA SILVA E F, et al. 2009. A review of regulatory decisions for environmental protection: part I - challenges in the implementation of national soil policies[J]. Environ Int, 35: 202-213.

ROGERS K, SEAGER T P. 2009. Environmental decision-making using life cycle impact assessment and stochastic multiattribute decision analysis: a case study on alternative transportation fuels[J]. Environmental Science & Technology, 43: 1718-1723.

ROSÉN L, BACK P-E, SOUTUKORVA Å, et al. 2008. Cost benefit analysis as a tool for prioritizing remediation, method development and application examples[R]. Stockholm: Sweden EPB.

ROSÉN L, BACK P E, SODERQVIST T, et al. 2015. SCORE: a novel multi-criteria decision analysis approach to assessing the sustainability of contaminated land remediation[J]. Sci Total Environ, 511: 621-638.

SADA. 2007. Cost benefit analysis[R].

SAITO H, PIERRE G. 2003. Selective remediation of contaminated sites using a two-level multiphase strategy and geostatistics[J]. Environmental Science & Technology, 37: 1912-1918.

SALA S, PANT R, HAUSCHILD M Z, et al. 2012. Research needs and challenges from science to decision support. lesson learnt from the development of the international reference life cycle data system (ILCD) recommendations for life cycle impact assessment[J]. Sustainability, 4: 1412-1425.

SCHADLER S, MORIO M, BARTKE S, et al. 2011. Designing sustainable and economically attractive brownfield revitalization options using an integrated assessment model[J]. J Environ Manage, 92: 827-837.

RCSCHWARZENBACHAND, RWSCHOLZA, AHEITZER, et al. 1999. Regional perspective on contaminated site remediation - fate of materials and pollutants[J]. Environmental Science & Technology, 33(14): 2305-2310.

SHA H, THIESSEN R J, ACHARI G. 2013. An evaluation of different risk ranking systems[J]. Journal of environmental protection, 4: 9.

SIMEK M, VIRTANEN S, SIMOJOKI A, et al. 2013. The microbial communities and potential greenhouse gas production in boreal acid sulphate, non-acid sulphate, and reedy sulphidic soils[J]. Science of the Total Environment, 466-467: 663-672.

SMITH G, NADEBAUM P. 2016. The evolution of sustainable remediation in Australia and New Zealand: A storyline[J]. J Environ Manage, 184: 27-35.

SMITH J W, KERRISON G. 2013. Benchmarking of decision-support tools used for tiered sustainable remediation appraisal[J]. Water Air Soil Pollut, 224: 1706.

SMITH P. 2018. Managing the global land resource[J]. Proc.R. Soc.B,285(1874):1-9.

SODERQVIST T, BRINKHOFF P, NORBERG T, et al. 2015. Cost-benefit analysis as a part of sustainability assessment of remediation alternatives for contaminated land[J]. J Environ Manage, 157: 267-278.

SOKOŁOWSKI D, TÖLLE A, MUSZYŃSKA–JELESZYŃSKA D, et al. 2009. Report about concepts and tools for brownfield redevelopment activities[R]. Cobraman.

SONG Y, HOU D, ZHANG J, et al. 2018. Environmental and socio-economic sustainability appraisal of contaminated land remediation strategies: A case study at a mega-site in China[J]. Sci Total Environ, 610/611: 391-401.

SONG Y, KIRKWOOD N, MAKSIMOVIC C, et al. 2019. Nature based solutions for contaminated land remediation and brownfield redevelopment in cities: A review[J]. Sci Total Environ, 663: 568-579.

SPARREVIK M, BARTON D N, BATES M E, et al. 2012. Use of stochastic multi-criteria decision analysis to support sustainable management of contaminated sediments[J]. Environ Sci Technol, 46: 1326-1334.

STATE of FLORIDA. 2001. Ecosystem management agreements[Z]. Title XXIX Public Health edn. The 2001 Florida Statutes.

STEEN B. 1999. A systematic approach to environmental priority strategies in product development (EPS). Version 2000 – Models and data of the default method[R]. Göteborg: Chalmers University of Technology.

STEZAR I C, PIZZOL L, CRITTO A, et al. 2013. Comparison of risk-based decision-support systems for brownfield site rehabilitation: DESYRE and SADA applied to a Romanian case study[J]. Journal of Environmental Management,131: 383-393.

SU C, LUDWIG R D. 2005. Treatment of hexavalent chromium in chromite ore processing solid waste using a mixed reductant solution of ferrous sulfate and sodium dithionite[J]. Environmental Science & Technology, 39: 6208-6216.

SUÈR P, NILSSON-PÅLEDAL S, NORRMAN J. 2004. LCA for site remediation: a literature review[J]. Soil & Sediment Contamination, 13: 415-425.

SuRF-Australia. 2009. A framework for assessing the sustainability of soil and groundwater remediation[R]. SuRF-Australia.

SuRF-UK. 2010. A framework for assessing the sustainability of soil and groundwater remediation[R]. Contaminated Land: Applications in Real Environments.

SuRF. 2009. Sustainable remediation white paper-integrating sustainable principles, practices, and metrics into remediation projects[J]. Remediation Journal, 19: 5-114.

SuRF. 2018. Online resources[M]. Sustainable Remediation Forum.

SWARTJES F A, RUTGERS M, LIJZEN J P, et al. 2012. State of the art of contaminated site management in the Netherlands: policy framework and risk assessment tools[J]. Sci Total Environ, 427/428: 1-10.

TENG Y, WU J, LU S, et al. 2014. Soil and soil environmental quality monitoring in China: A review[J]. Environment International, 69: 177-199.

TNRCC. 2001.Guidance for conducting ecological risk assessments at remediation sites in Texas[Z]. Toxicology and Risk Assessment Section, Texas Natural Resource Conservation Commission; Austin, Texas.

TOFFOLETTO L, DESCHêNES L, SAMSON R. 2005. LCA of ex-situ bioremediation of diesel-contaminated soil[J]. The International Journal of Life Cycle Assessment, 10: 406-416.

UK EA. 1999.Cost-Benefit analysis for remediation of land contamination[R]. UK Environment Agency.

US EPA. 2010.Superfund green remediation strategy[R]. Office of Solid Waste and Emergency Response.

United Nation. 2015. Transforming our world: the 2030 agenda for sustainable development[R]. A/RES/70/1.

US EPA. 1992. The hazard ranking system guidance manual[R]. Washington D.C: Office of Solid Waste and Emergency Response.

US EPA. 2002. 25 Years of RCRA: Building on our past to protect our future[R]. Washington D.C: Office of Solid Waste and Emergency Response.

US EPA. 2004. Cleaning up the nation's waste sites: markets and technology trends[M]. Washington D.C: Office of Solid Waste and Emergency Response.

US EPA. 2008. Green remediation: Incorporating sustainable environmental practices into remediation of contaminated[R]. Washington D.C: US EPA.

US EPA. 2011. EPA handbook on the benefits, costs, and impacts of land cleanup and reuse[R]. Washington D.C: US EPA.

US EPA. 2012. Methodology for understanding and reducing a project's environmental footprint[R]. Washington D. C.

US EPA. 2015. Green remediation best management practices: An overview[R]. Washington D.C: Office of Land and Emergency Management.

US EPA. 2016. Methodology & spreadsheets for environmental footprint analysis (SEFA)[R]. Washington, D.C: Office of Superfund Remediation and Technology Innovation.

US EPA. 2017a. Area-Wide planning (AWP) grants[EB/OL]. https://www.epa.gov/brownfields/types-brownfields-grant-funding[2019-10-7].

US EPA. 2017b. Overview of EPA's brownfields program[EB/OL]. https://www.epa.gov/brownfields/overview-epas-brownfields-program[2019-10-7].

US EPA. 2018. Evaluation of remedy resilience at superfund NPL and SAA sites[R]. Washington, D. C: Office of Land and Emergency Management.

US EPA. 2018. What is superfund?[EB/OL]. https://www.epa.gov/superfund/what-superfund[2019-10-7].

US EPA. 2018.Evaluation of remedy resilience at superfund NPL and SAA sites[R].

US EPA. Profiles of green remediation[EB/OL]. https://clu-in.org/greenremediation/profiles[2019-10-7].

Van WEZEL A P, FRANKEN R O, DRISSEN E, et al. 2008. Societal cost-benefit analysis for soil remediation in the netherlands[J]. Integrated Environmental Assessment and Management,4: 61-74.

VOLCHKO Y, NORRMAN J, ROSEN L, et al. 2017. Cost-benefit analysis of copper recovery in remediation projects: A case study from Sweden[J]. Sci Total Environ, 605/606: 300-314.

VOLKWEIN S, HURTIG H-W, KLÖPFFER W. 1999. Life cycle assessment of contaminated sites remediation[J]. The International Journal of Life Cycle Assessment, 4: 263-274.

WANG L, CHO D-W, TSANG D, et al. 2019. Green remediation of As and Pb contaminated soil using cement-free clay-based stabilization/solidification[J]. Environment International. 126: 336-345.

WANG X R, YAN X H, WANG Q. 2011. Case study of demonstration project of typical chrome contaminated sites remediation[J]. Advanced Materials Research, 414: 203-213.

Washington State Department of Ecology. 2001. Model toxics control act[Z]. Washington.

Washington State Department of Ecology. 2017. Adaptation strategies for resilient cleanup remedies: A guide for cleanup project managers to increase the resilience of toxic cleanup sites to the impacts from climate change[R]. https://apps.ecology.wa.gov/publications/SummaryPages/ 1709052[2021-03-04].

WHO. 2010. Metrics: Disability-Adjusted life year (DALY)[EB/OL]. World Health Organization.http://www.who.int/healthinfo/global_burden_disease/metrics_daly/en/[2019-10-7].

WHO. 2014. Global health estimates 2014 summary tables[EB/OL]. World Health Organization.http://www.who.int/healthinfo/global_burden_disease/en/[2019-10-7].

ZHUANG J, LIANG Z, LIN T, et al. 2007.Theory and practice in the choice of social discount rate for cost-benefit analysis: A survey[R]. Asian Development Bank.

毕军. 2009. 物质流分析与管理[M]. 北京：科学出版社.

曹泉，王兴润. 2009. 铬渣污染场地污染状况研究与修复技术分析[J]. 环境工程学报，3：1493-1497.

陈哲，冯秀娟，郑先坤，等. 2019. 纳米零价铁改性技术及其在污染修复中的应用进展[J]. 现代化工，

39：33-37.

邓一荣，刘丽丽，李韦钰，等. 2019. 基于健康风险评估的棕地再开发利用控规优化研究[J]. 生态经济，35：223-229.

董璟琦，杨晓华，杨海真，等. 2011. 模糊评价方法在风险规划环评方案筛选中的应用[J]. 水利规划与设计，6：42-46.

董璟琦，杨晓华，杨海真，等. 2009. 基于改进 TOPSIS 法的规划环评情景方案建立方法及应用[J]. 环境科学与管理，34：162-169.

国家发展改革委. 2012. 中华人民共和国可持续发展国家报告[R]. 联合国可持续发展大会. 北京：人民出版社，

谷庆宝，侯德义，伍斌，等. 2015. 污染场地绿色可持续修复理念、工程实践及对我国的启示[J]. 环境工程学报，9：4061-4068.

顾沈兵，宋桂香，周峰，等. 2002. DALY 在上海市居民健康水平评价中的应用[J]. 上海预防医学杂志，14：532-535.

国务院. 1994. 中国 21 世纪议程：中国 21 世纪人口、环境与发展白皮书[M]. 北京：中国环境科学出版社.

国务院. 2016. 国务院关于印发土壤污染防治行动计划的通知[Z].

侯德义. 2018. 污染场地绿色可持续修复方法与应用[M]. 北京：科学出版社.

侯德义，李广贺. 2016. 污染土壤绿色可持续修复的内涵与发展方向分析[J]. 环境保护，44：16-19.

侯德义，宋易南. 2018. 农田污染土壤的绿色可持续修复：分析框架与相关思考[J]. 环境保护，46：36-40.

胡清，王宏，童立志. 2018. 绿色可持续场地修复[M]. 北京：中国建筑工业出版社.

胡新涛，朱建新，丁琼. 2012. 基于生命周期评价的多氯联苯污染场地修复技术的筛选[J]. 科学通报，57：129-137.

环境保护部. 2017. 关于印发重点行业企业用地调查系列技术文件的通知[Z]. 北京：环办土壤〔2017〕67 号.

环境保护部，国土资源部. 2014. 全国土壤污染状况调查公报[R].

姜林，钟茂生，梁竞，等. 2013. 层次化健康风险评估方法在苯污染场地的应用及效益评估[J]. 环境科学，34：1034-1043.

蒋洪强，程曦，周佳，等. 2018. 环境政策的费用效益分析理论方法与案例[M]. 北京：中国环境出版集团有限公司.

李发生，颜增光. 2009. 污染场地术语手册[M]. 北京：科学出版社.

李广贺，李发生，张旭，等. 2010. 污染场地环境风险评价与修复技术体系[M]. 北京：中国环境科学出版社.

陆钟武. 2014. 工业生态学基础[M]. 北京：科学出版社.

骆永明. 2009a. 污染土壤修复技术研究现状与趋势[J]. 化学进展，21：558-565.

骆永明. 2009b. 中国土壤环境污染态势及预防、控制和修复策略[J]. 环境污染与防治，31（12）：27-31.

骆永明，李广贺，李发生，等.2016. 中国土壤环境管理支撑技术体系研究[M]. 北京：科学出版社.

马延东，赵景波，邵天杰，等.2015. 青海环湖地区草原土壤含水量及富集规律[J]. 中国农业科学，48：1982-1995.

马妍，董战峰，杜晓明，等.2015. 构建我国土壤污染修复治理长效机制的思考与建议[J]. 环境保护，43：53-56.

蒲天彪，谌文武，吕海敏，等.2016. 青藏高原地区典型土遗址冻融与盐渍耦合劣化作用分析[J]. 中南大学学报，47：1420-1426.

曲向荣.2010. 土壤环境学[M]. 北京：清华大学出版社.

全国人大. 2018. 中华人民共和国土壤污染防治法[Z]. 生态环境部. 2018 年 8 月 31 日第十三届全国人民代表大会常务委员会第五次会议通过；中国.

石菊芳，张玥，曲春枫，等.2015. 以伤残调整生命年为指标的中国人群癌症疾病负担现状[J]. 中华预防医学杂志，49：397-401.

孙涛，陆扣萍，王海龙.2015. 不同淋洗剂和淋洗条件下重金属污染土壤淋洗修复研究进展[J]. 浙江农林大学学报，32：140-149.

王金南.1994. 环境经济学：理论、方法、政策[M]. 北京：清华大学出版社.

温丽琪，林俊旭，罗时芳，等.2012. 台湾土壤及地下水污染场址整治行动之成本效益分析//中国地质学会，中国生态学学会，中国土壤学会，中国环境科学学会，中科院. 第六届海峡两岸土壤和地下水污染与整治研讨会论文集[C]. 烟台，218-220.

夏毅，龚幼龙，顾杏元.1998a. 疾病负担的测量指标- DALY（二）[J]. 中国卫生统计，15：54-57.

夏毅，龚幼龙，顾杏元.1998b. 疾病负担的测量指标- DALY（三）[J]. 中国卫生统计，15：58-60.

谢高地，张钇锂，鲁春霞，等.2001. 中国自然草地生态系统服务价值[J]. 自然资源学报，16：47-53.

熊惠磊，王璇，马骏，等.2016. 适用异位淋洗修复技术的铬污染土壤条件探究[J]. 环境工程，34：155-161.

熊锐，蒋晓亚.1994. 层次分析法在多目标决策中的应用[J]. 南京航空航天大学学报，26（2）：283-288.

许可，胡善联.1994. 从整个社会角度分析疾病的经济负担[J]. 中国卫生经济，6：56-58.

杨建新，徐成，王如松.2002. 产品生命周期评价方法及应用[M]. 北京：气象出版社.

杨阳，许群.2012. 六价铬污染与健康损害研究进展[J]. 基础医学与临床，32：974-978.

张甘霖，吴华勇. 2018. 从问题到解决方案：土壤与可持续发展目标的实现[J]. 中国科学院院刊，33：124-134.

张红振，董璟琦，高胜达，等.2017. 中国土壤修复产业健康发展建议[J]. 环境保护，45：58-61.

张红振，董璟琦，司绍诚，等.2016. 中国环境修复产业发展现状与预测分析[J]. 环境保护，44：50-53.

张红振，骆永明，章海波，等. 2011. 基于 REC 模型的污染场地修复决策支持系统的研究[J]. 环境污染与防治，33：66-94.

张红振，王金南，董璟琦，等.2018. 借鉴经验加强土壤污染绿色修复与管理[N]. 中国环境报，2018-12-05（3）.

张红振，叶渊，魏国，等.2019. 污染场地修复工程关键环节分析[J]. 环境保护，47：54-56.

张红振，於方，曹东，等. 2012. 发达国家污染场地修复技术评估实践及其对中国的启示[J]. 环境污染与
　　防治，34：105-111.

张娟，邢轶兰，李书鹏，等. 2018. 土壤与地下水修复行业 2017 年发展综述[J]. 中国环保产业，11：5-19，24.

张俊丽，温雪峰，王芳，等. 2016. 污染场地分类分级管理思路探讨[J]. 环境保护，44：60-63.

张文，杨勇，马泉智，等. 2014. 铬污染土壤还原——固化稳定化过程研究[J]. 环境工程，32：1028-1032.

赵丹，於方，王膑. 2016. 环境损害评估中修复方案的费用效益分析[J]. 环境保护科学，42：16-22.

中国国际经济交流中心，美国哥伦比亚大学地球研究院，阿里研究院. 2018. 中国可持续发展评价报告[R].
　　北京：社会科学文献出版社.

中国环境保护产业协会. 2020.《污染地块绿色可持续修复通则》团体标准通过专家审议[EB/OL]. http:
　　//huanbao.bjx.com.cn/news/20190719/994136.shtml[2019-10-7].

朱永官，李刚，张甘霖，等. 2015. 土壤安全：从地球关键带到生态系统服务[J]. 地理学报，70：1859-1869.

祝方，刘涛，石建惠. 2019. 绿色合成纳米零价铁铜淋洗修复 Cr（Ⅵ）污染土壤[J]. 环境工程，37：172-176.